專業藝術經紀人教你
欣賞→收藏→投資三部曲

買對一年半漲10倍

打開藝術致富門道

推薦序一

近五年的台北國際藝術博覽會發現，年輕一代喜愛藝術的人變多了，2021～
2022年門票的收入也呈現了大幅度的成長，這是個令人欣喜的現象。一開始我
們發現是老藏家們帶著自己的子女逛藝博會，子女們扮演的角色是跟著父母走
走看看，接下來的兩年裡，他們也都小試身手，參與了收藏的行列！新冠疫情
的來臨，讓老藏家們不便到現場購藏，取而代之的是年輕藏家組成的新族群！
他們帶著自己好朋友們悠遊於藝博會，形成了一道非常亮麗的風景！

就在前些日子，我的好朋友玉齡告知她要出新書，我替她感到開心，因為此時
出這樣的書恰是時候！蔚龍藝術是近20年產業裡屢創佳績的優秀團隊，而她本
人又是藝術圈裡的才女，一直從事藝術相關的工作，此時整理了多年累積的經
驗與實務案例，不管對藏家或是同業而言，都是一個可以吸收學習的好機會。

人們常說遇見藝術是三輩子修來的福氣，而今年輕的朋友們對於參加藝術活動
都非常熱衷，藝術活動儼然成了年輕朋友社交的重要環節，不論是想進入藝術
領域的新手，還是已受藝術薰陶多年的老朋友們，都推薦你們看看這本書，相
信能為各位提供不同的視野！

張逸羣
中華民國畫廊協會理事長

推薦序二

我與玉齡初識於 1997 年巴黎，無論 25 年前的異國，亦或 25 年後的台北，玉齡都是那種傳說中「找她就能搞定」的存在。

她人脈極豐，精通英法德語，更是行遍天下、交遊廣闊；合作對象、收藏家、藝術家、周邊的朋友，往往喜歡找她拿主意、諮詢意見，因為聰明幹練、行事果斷俐落的她，總是散發自信的氣場。

問玉齡底氣何來？她說：「信念很重要！相信自己能做到，就能過上想要的生活。」

憑著正向的信念，玉齡拐了彎也仍找回她的人生羅盤。從小喜歡藝術，卻因為父母認定藝術賺不了錢，她的求學路從德語系、法國文學碩士到影像史學博士，最終還是走進藝術經紀、策展行業；多種外語能力優勢、文學與影像浸潤的藝術品味、敏銳眼光，助她在藝術產業風生水起，最終出了這本書，如數家珍證明：黃金有價，藝術無價，藝術投資是門好生意！

玉齡在藝術產業歷練三十多年，曾工作於海內外畫廊、曾任藝術雜誌總編，從事藝術經紀、國際展覽代理、公共藝術案、展覽與藝術節策展，成績斐然，荷蘭藝術家霍夫曼的黃色小鴨、月兔，便是經她引進台灣造成轟動。

同屬公私分明的類型，我與玉齡甚少工作上的交集，反倒能安然相偕享受人生。我們都熱愛美食、旅行，自在舒心的相處，取決於價值觀、品味喜好、待人接物、情商智慧等諸多要項的投契；其中最關鍵，正是藝術的底蘊。

藝術鑑賞難以言傳，玉齡手把手教。但願讀者能讀懂作者才是值得閱讀的書：是她長期認真經營投入，才累積令人信賴的專業；是她勇於嘗試與突破的開放性格，促成一再創新；是她充滿活力地品味生活，造就敏銳精準的眼光；是她相信藝術是門好生意，就真的能靠藝術生財。

信念確實很重要。你必須相信藝術的力量，人生因此改變；而你想要過上的未來生活，則決定於現在當下，如何品味你的日子，藝術底蘊就在其中。

賴素鈴
朱銘美術館館長

推薦序三

玉齡與東京白石畫廊的情誼深厚，與本人情同姐弟，早在台北白石畫廊的籌備之初，即協助擔任顧問的角色，以她長年於海內外工作、學術和市場的經驗與觀察，為我們在這個藝術收藏已步成熟、佔亞洲重要收藏家份量的台灣起步打下重要的基礎。

玉齡終於出書了！她在藝術領域的實務工作經驗超過三十幾年、涵蓋歐美與台灣等不同區域，跨足學術展覽、商業畫廊和公共藝術。她所策劃的展覽、經手的作品、熟識的藏家、合作的藝術家等等繁不勝數。她縱、橫向的經驗結晶、具全球發展的格局和視角，全都以簡明和輕快的節奏，濃縮在這本書裏。不僅提供新手收藏家們完備又實用的心理素質建設和前進的準則，也提供迷失在藝術市場中噪動數字裏的藏家們安心操法。

本書最讓人讀來津津有味之處，玉齡分享了幾位國際知名、大咖中之大咖級藏家的買賣和管理藏品的故事，這歸功於她遍布海內外所積累的菁質人脈，這些生動故事既有趣又附具體數據，讓人在一窺高端藝術世界的同時，也有所借鏡學習。

玉齡終於出書了！含金量之高，讓人隨時翻閱都有新的獲得。

白石幸榮

白石畫廊負責人

推薦序四

For 玉齡

玉齡是一個讓人舒服的人。前題是，你要讓她覺得有趣。而讓她覺得有趣，是一件簡單到極為困難的事。簡單到你只需要為自己做事。困難的是，你為自己做的事需要有絕對的厚度。

這，是這兩年相處下來，我的藝術演化的起始……

最初的見面，玉齡是在看完我在台北的第一次展覽後，被朋友約來公司與我見面。一見面，就很直接的說：你的東西有趣但還不夠好。這讓我開始思考，為什麼？

第二次見面，她說東西開始融了，但還不有趣。這讓我開始思考，藝術對我是什麼？

第三次見面，她說東西開始有趣了。也答應經紀我。從那天開始，我們幾乎每天都會用藝術交談。我是用作品，她是用簡單的：「有趣」、「好玩」、「不錯」…偶爾有個「很好」。但是這一個過程，讓我的思考點，從藝術是什麼？我是誰？我想表達的價值是什麼？我是否熱愛藝術？我是否會累？到達了一系列的確定：我喜歡藝術。我要當藝術家。我不會累。我還有很多話想要表達。這些確定，讓我獲得了自在。

玉齡是誰？每個人答案不同。對我，是亦師亦友的戰友，也是一起發瘋的夥伴。對她，我非常信任。

能夠信任，那，不論她談什麼？做什麼？都不需要質疑。何況是談她最擅長的藝術。

（在陪小孩逛玉市時寫著序，嘴角笑了起來。這不就是玉齡在做的事：在正常人覺得眼花撩亂的市場中，引導藝術家成為獨一無二的玉，幫助藏家找到獨一無二的寶……套句玉齡的話：有趣。）

蔣友柏
橙果設計創辦人、藝術家

自序

有人曾問我長大想做什麼，我寫下「快樂」，他們說我沒聽懂問題，
我說他們不懂人生。

They asked me what I wanted to be when I grew up. I wrote down "happy".
They told me I didn't understand the assignment, and I told them they didn't
understand life.

——約翰·藍儂（John Lennon），英國音樂人

如果你是因為看到書名被吸引，而翻閱瀏覽本書，那可以斷定：首先，你是一位藝術的愛好者，再來是對收藏投資有興趣的人，而且是講究品味、懂得生活享受的雅痞人士。

根據我多年的觀察，很多人從藝術愛好者開始，享受藝術帶來的生活樂趣，之後忍不住，開始出手購買，想要擁有並收藏自己喜歡的藝術品，接著再踏入藝術投資的階段，心態上的轉變是有天壤之別的。那種單純作為愛好，是一種美好而理想的初心，直到開始收藏投資後，對創作者和藝術品的關注和在乎程度，就開始像是購買金融商品，只求投資品的未來增值性，忘了藝術品收藏的樂趣，終究導致患得患失的心態，非常得不償失。

目前的你身處在哪個階段呢？如果是還在享受藝術帶來生活樂趣的時期，並對購買投資藝術品開始產生興趣，那我希望這本書可以提供你一些深入淺出的專業知識，引導你快樂地走上藝術收藏與投資的康莊大道；又或者你已經入門藝術品投資了，以至於開始有患得患失的心情，那麼希望你在閱讀這本書之後，能夠幫助你找回愛好藝術的初心，享受藝術帶來的生活情趣與活力。

2019 年夏天，我去柏林參加德國藝術家好友的婚禮，途中經過一個小鎮，隨手拿起手機拍下鄉間景色，美得像一幅古典油畫，好的藝術品也如美景般，可遇不可求。

因此，在開始談藝術收藏與投資之前，我要再三強調：藝術品是藝術家最真誠的內心情感表現，每天看到自己喜歡作品的美好，可以為生命帶來片刻的快樂與心靈的富足，瞬間遠離現實生活的紛擾，這也是藝術最高至上的價值。此外，收藏不僅是一種高雅的娛樂，不受年齡、文化層次的限制，男女老少皆宜，同時，具有知識性，可以學習到豐富的知識，又兼具有探索性，從中可以獲得尋寶獵奇的樂趣。

2022 年 3 月 5 日早晨，我開始著手撰寫此書，這天正好是 24 節氣中的第 3 節氣──驚蟄，也被稱為一年中最有朝氣的日子，因為歷經多日的蟄伏，春雷初響，萬物甦醒，在氣勢磅礡、繁華似錦的時節，喜迎春暖花開，為大地注入新的活力，讓萬物眾生成為驚蟄節氣新氣象，以及好運勢的受益者。

在這個蟄伏的時節，我深刻感受到，多年來藝術所帶來生命的靈動與生活的富足。因此，埋首案頭，集結自己 30 多年來在藝術經紀與收藏投資領域的專業知識。在此草長鶯飛季，厚積薄發時，將這多年累積的經驗，分享給對藝術收藏投資有興趣的同好者，希望本書能夠提供給大家更多熱愛藝術收藏與投資的正能量。

王玉齡

CONTENT

第一章　開宗明義篇

藝術，無價？有價？天價？

如果你想得到從未擁有的東西，你就得去做從未做過的事。

If you want something you have never had, you must be willing to do something you have never done.

——湯瑪斯・傑佛遜（Thomas Jefferson），美國開國元勳

前言

常常在一些社交場合，互相遞完名片之後，很多人就會問我的工作內容是什麼，我回答說藝術經紀[1]和展覽策劃，他們接著就會說：「喔，妳是藝術家？」我說不是，接著就很難再接話了。因為大部分的人對藝術經紀和展覽策劃是沒有概念的，也不了解這個行業的工作內容，產值能有多少？是一個能夠賺錢的職業嗎？

不過，通常為了說明這個產業創造的產值，我就會說：

> 「你知道目前全世界最貴寶石的價格嗎？是 2017 年一顆重量 59.6 克拉的粉鑽，以 7,100 萬美元（約合 22 億新台幣）的天價落槌，成為迄今拍賣史上最高成交價格的寶石。」大家一聽就瞠目結舌。然後，我接著就說：「價錢高得嚇人是不是？那你知道全世界最貴的一幅畫作的拍賣價嗎？」

「也是在同年 2017 年，義大利文藝復興時期畫家達文西的《救世主》（Salvator Mundi），這件作品以 4.5 億美元（約合 135 億新台幣）的天價成交，成為至今全球拍賣紀錄中，最高拍賣價格的藝術品。買家是沙烏地阿拉伯王子巴德爾·本·阿卜杜拉·本·法爾漢，根據一份 2019 年的報導稱，它目前被存放在沙烏地阿拉伯王儲穆罕默德·本·薩勒曼的豪華遊艇上。」我不疾不徐地娓娓道來，通常聽到這裡，大家已經目瞪口呆。

---

[1] 指給予收藏家、私人美術館、博物館或是商辦空間收藏藝術品建議，並找尋適當的藝術品，代為洽談適當或合理的購買作品價格的人。

圖片提供© Wikipedia

圖片提供© 蘇富比

黃金有價，藝術無價
世界最貴的一幅畫作跟世界最貴的
一顆粉紅鑽相比，價值超過 6 倍。

救世主
達文西 Leonardo Da Vinci｜約 1499 年～ 1510 年｜油畫

不過，往往也是講到這裡時，大家才開始對「藝術無價」有一點想像和認識，也就是說藝術本身的價格和延伸的價值是無可衡量的。我們常常聽到藝術無價的說法，其實應該是說藝術的價值是無法用金錢衡量的，因為藝術是人類心靈世界的呈現和崇高精神的象徵，它作為人類文明價值和文化遺產是無法被訂價和量化的，這才有所謂「藝術無價」來形容藝術至高無上的價值。

「黃金有價，藝術無價」，這是過去人們對藝術價值的認識。不過，自藝術成為商品走向市場後，影響其價值的因素很多，如藝術家的國際知名度、藝術市場供需關係、國際重要展覽經歷、收藏來源和專家評論等，都會決定每件藝術品的最終價值。

1.1　藝術的象徵意義

全世界所有輝煌偉大的國際城市，在其市中心的重要廣場上，必有其本國的藝術大師爲該國雕塑的國家英雄或偉人的雕像，豎立在廣場的中心，用來象徵這個城市的雄偉宏大，並且歌頌國家的英勇史蹟。我們再來看看，從古至今，古今中外的帝王貴族生活的皇宮和城堡裡，到處放滿名家藝術作品，作爲皇室空間佈置的靈魂，讓王公貴族的生活充滿藝術盛宴，也展現皇家生活的品味。只是經歷改朝換代後，這些皇室宮殿大多開放成爲可以參觀的博物館，讓小老百姓們也得以欣賞過去皇室貴族所收藏的藝術名作，例如巴黎羅浮宮、凡爾賽宮、克里姆林宮等。

時至今日，各國企業家、社會名流炫財富、炫智商之外，有些卻也擁有不俗的品味。在他們的家居佈置上，從畫作到雕塑，每一件精緻的藝術品都讓人忍不住讚賞，他們也深知沒有藝術品的豪宅，只是建材展示中心，一個有格調的家，一定少不了藝術品的襯托點綴。因此，利用藝術，來展現尊貴的社會階級和高尚的生活品味，是最直接的財富和身分地位的象徵。從古代的皇族貴戚、士大夫到文人墨客，從近現代高官顯宦、世家大族到富商巨賈的社會名流，他們之所以收藏文物藝術品，不僅僅爲了增值財產和謀取利潤，在某種程度上說，更是爲了附庸風雅或炫耀家世的顯赫地位，從這個意義上來講，藝術品就是一種榮譽性或是虛榮心的投資。

宮廷中不曾缺席的藝術品
歐洲的王公貴族的城堡中，總是以藝術繪畫來裝潢華麗的宮廷。

藝術品收藏與投資是新時代的經濟產業

在過去，收藏是限定於文人雅士的專利，然而在經濟日漸繁榮的今天，收藏漸漸成為人們經濟生活中的一部分。面對當代社會經濟動盪、金融市場變幻莫測、通貨膨脹，以及對股票、證券和房地產投資的無從把握，更進一步突顯收藏的價值和增值效果。越來越多有識之士，對於低風險、高效益的藝術與文物收藏感興趣，而且藉由收藏與投資藝術品，或是文物古董買賣，往往能賺取遠遠高於股票和地產更豐厚的收益。

現今時代，收藏藝術品是財富，更是品位、修養及地位的象徵。國際市場上並不缺土豪收藏家，可那些動輒豪擲百萬一買再買的藏家，有多少人巴不得把手中的藏品立刻轉手升值變現。

> 繼股票、房地產之後，藝術收藏品成為又一個人們傾心的投資工具，被譽為「第三極財富」。

由於投資回報率高，藝術品在國際資本市場上，早已是必備的投資標的，甚至有觀點認為，藝術投資是當今投資領域的最後一座金山。近年來，隨著各國經濟的發展和民眾生活水平的提高，藝術品收藏已經成為一種高雅的興趣愛好，也是一種倍受重視的資產配置，並且俘獲越來越多的粉絲。

金融易逝，藝術永存

在西方已開發國家，80%的富豪的資產配置會有30%的藝術品，他們將藝術品稱爲安全的資產管理，因爲他們相信「金融易逝，藝術永存」。

1.2 藝術投資致富的大藏家

各位讀者們可能會質疑藝術收藏投資真的能帶來財富嗎？不過，在真實的世界中，確實有很多人喜歡藝術，享受欣賞藝術的樂趣，更勝者憑藉收藏投資藝術，而擁有巨大財富，名列世界富豪者，比比皆是喔！

舉例最有名的，當今全世界名氣最響亮的國際級超級大藏家，就是靠藝術收藏投資，累積驚人的財富。這位從敘利亞移民到紐約的穆格拉比猶太家族的爸爸，就是目前全球手中擁有最多、最值錢的當代藝術[2]藏品的藏家，他的生平和對藝術收藏投資，都是非常傳奇的故事，讓我們可以看到真正大收藏家對藝術收藏投資的心態和投入，讓他如何致富，並創造藝術收藏的奇蹟。

國際級大藏家——何塞‧穆格拉比

何塞‧穆格拉比（Jose Mugrabi）誕生於 1939 年，他出生後沒有多久，就跟隨父母從敘利亞移居到以色列耶路撒冷的 Mahane Yehuda 區落腳，並開了一家雜貨店維生。非常有生意頭腦的何塞在 16 歲時，開始打工，後來又去了哥倫比亞從事紡織生意，成為紡織品進口商。1982 年，在哥倫比亞事業有成之後，他與太太瑪麗一起移民美國，定居紐約，並開始對藝術產生興趣。

1987 年，何塞參觀瑞士巴塞爾藝術博覽會（Art Basel），他買下了生平第一件藝術品，是安迪‧沃荷（Andy Warhol）的作品。何塞的藝術品首購，是藝術家的《最後的晚餐》（The Last Supper）系列中的四件作品，每件售價 37,000 美元

---

[2] 嚴格來說，當代藝術指的是那些藝術作品的藝術家如今還存活著，也可以指從 1960 年代或 1970 年代到此刻所出現的藝術品。在長期以收集所謂當代藝術作品的博物館，定義包含的時間更長。因此許多人使用「現代與當代藝術」來避免這個問題。

圖片提供 © 佳士得

3.7 萬到 3800 萬美元的距離

何塞．穆格拉比生平買的第一件藝術品，30 多年後價值增加 100 倍，果真是慧眼識英雄的天才藏家。

（約合台幣 110 萬元），如今這系列作品每件的近期拍賣價值高達 3,800 萬美元（約合台幣 1.14 億元）。漸漸地，他開始不斷地購入藝術品，並且對沃荷的作品產生濃厚的興趣，從此開啟了他對於收藏美國普普藝術[3]的熱愛。據說買完第一件藝術品的隔年，何塞．穆格拉比先生就決定成為一名藝術經紀商，並離開了紡織進出口行業。

---

[3] 是 1962 ～ 1965 年間盛行國際的新藝術，普普原意為「Popular」，意思為大眾的、流行的。普普藝術反對抽象表現主義，其藝術家都抱持著藝術生活化、藝術世俗化的觀念創作。

目前，穆格拉比家族擁有世界上價值最高的私人當代藝術收藏，根據他在紐約執業的好友 Charles Danziger，也是我的友人告訴我，這個家族至少擁有 3,000 件以上的藏品。其中，安迪·沃荷就有 800 多件，再來是巴斯奇亞（Jean-Michel Basquiat）畫作、達明安·赫斯特（Damien Hirst）、傑夫·昆斯（Jeff Koons）、喬治·康多（George Condo）以及湯姆·韋塞爾曼（Tom Wesselmann）都各有上百件以上的作品，以及許多當今最重要的當代藝術品，初估藏品的總價值超過 100 億美元（約合台幣 3,000 億元），所以，何塞·穆格拉比先生真的是靠藝術收藏投資致富的大藏家。

穆格拉比先生不僅喜歡安迪·沃荷，對巴斯奇亞也是情有獨鍾，其收藏涵蓋 1981 至 1987 年巴斯奇亞繪畫最重要時期，其中包括他與普普大師安迪·沃荷的共同創作。1982 年，經由瑞士布魯諾·比索夫柏格（Bruno Bischofberger）畫廊老闆介紹，巴斯奇亞與沃荷於成為好友，比索夫柏格首先提議他們合作，想借用當時沃荷如日中天的名氣，來拉拔還是默默無名的巴斯奇亞。於是在 1984 年，兩人開始進行合作計畫，經過了幾次見面，他們逐漸找到對話的共同點。創作之始，沃荷會以慣用版畫[4]絹印技法，先在畫布上印上圖像，之後，巴斯奇亞再以嘲諷與破壞的手法，在畫布上即興隨意塗鴉來回應。他們的好友，美國新普普藝術家凱斯·哈林（Keith Haring）去探班時，就曾說：「這是他們以顏料代替文字的對話。」

他們的合作關係一直持續至 1987 年沃荷離世才結束，巴斯奇亞在沃荷過世後，太傷心而陷入憂鬱症，便開始大量服用藥物，來麻痺自己，隔年在家中被發現用藥過量身亡，享年僅 27 歲。巴斯奇亞是當代藝術的傳奇，1982 年，年僅 21 歲的他首次舉辦個展，即征服了整個紐約，之後，全球當代藝術界為他的作品著迷。他事後回憶說道：「當時我賣了一點錢，因為我畫出了最棒的作品。」

---

[4] 是透過印刷手段產生的視覺藝術形式，和其他視覺藝術所不同的是，版畫是透過版面的反轉或者漏透而製作的，也可以說它是具有間接性和複數性的。常見的版畫有蝕刻版畫、油印木刻、水印木刻、黑白版畫、套色版畫等。

圖片提供©王玉齡

Glenn
巴斯奇亞｜1985 年

「我不是一位黑人藝術家，我是一位藝術家。」

這是巴斯奇亞的名言，他的創作風格強烈、用色大膽、線條粗獷，雖然曾被批評幼稚，但他的塗鴉以及傳奇故事卻深深影響著藝術界與流行文化。

《戰士》（Warriors）便是其中之一，這件作品在 2021 年 3 月在佳士得 [5] 香港以 3.2 億港元（約合台幣 11 億元）的高價拍出。該作最早於 2005 年在紐約拍賣市場出現，2012 年再上倫敦蘇富比 [6] 拍賣，當時以近 6,770 萬港元（約合台幣 2.5 億元）成交，在九年間升值超過四倍，如今躍升為亞洲拍賣史上最高價的西方藝術品。

---

[5] 佳士得（Christie's）是一家擁有 250 年歷史的藝術品及奢侈品拍賣行，於 1766 年由詹姆士・佳士得在英國創立，在全球藝術市場中位處領導地位，2021 年的成交總額高達 71 億美元。是蘇富比拍賣公司的重要競爭對手。

[6] 蘇富比（Sotheby's）拍賣公司的前身是 1744 年 3 月 11 日在倫敦建立的貝克和利公司（Baker and Leigh）。自 1955 年從倫敦擴展至紐約，蘇富比遂成為第一所真正之國際拍賣行，蘇富比於世界各地 9 個拍賣中心舉行拍賣，包括紐約、倫敦、香港及巴黎這幾個主要拍賣中心。

穆格拉比家族出借收藏品的獲利模式

在當代藝術收藏投資圈中，穆格拉比家族是西方藝術圈中舉足輕重的大人物，而且從上述的收藏內容，就可以知道其收藏投資眼光之精準，令人佩服得五體投地。何塞老爹與兩個兒子大衛（David）和阿爾貝托（Alberto）在藝術產業圈中，一直扮演著私人藝術收藏家（Collector）與藝術經紀（Art Dealer）的角色，他們以相對低調的方式，與國際大收藏家進行私下銷售與洽購的生意，並經常和西方大畫廊老闆們共同合作買賣他們的收藏品，也在國際拍賣會上購買作品，之後，再轉手以更高價賣出。

同時，何塞‧穆格拉比先生也非常懂得以收藏家的身分，出借他的收藏品給國際重要美術館展出，來增加他藝術收藏品的重要性和知名度，藉此，提高作品的價值，因為收藏品有越多國際美術館展出的資歷，作品價值就越高。他也很坦誠地說：「許多藝術品都是我的個人收藏，但我們也將它們借給世界各地的博物館。我們每年都會舉辦 2 ～ 3 個大型收藏展覽，每個展覽的借展費大約 200 萬美元（約合台幣 6,000 萬元），這也是一種藝術收藏品展覽的獲利商業模式。」也因為他的生意頭腦和擁有超越國際美術館等級的藝術收藏，讓他發展出這套商業模式。許多歐美和亞洲重要美術館都爭相支付高額借展費，以穆格拉比家族的收藏品，就能舉辦美國普普藝術大展，或是歐美當代藝術大師展。

2020 年，他曾經無償出借美國藝術明星大師傑夫‧昆斯（Jeff Koons）的作品，給他的祖國以色列特拉維夫藝術博物館（Tel Aviv Museum）展出，這次名為《絕對價值》（Absolute Value）的展覽中，展出藏品總價值高達 14 億美元（約合台幣 420 億元），光是展覽的保險費用就高得驚人。2013 年，何塞以高達 5,840 萬美元（約合台幣 16 億元）的價格購買了昆斯的《氣球狗》（Balloon Dog），創下了當時在世藝術家作品的最高價格記錄。對此，他曾在一次受訪時說：「我住在紐約，但我是以色列人，在貧困中長大，十幾歲的時候一無所有地離開了這個國家。我在 40 歲之前，從未見過藝術，也不知道它是什麼，我投資昆斯是因為他當時名氣已經很大。」

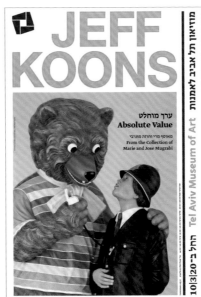

最具市場價值的藝術家之一

何塞・穆格拉比之所以買下全世界最貴的氣球狗，是因為他知道，昆斯的知名度能為他帶來的效益。這是 2020 年他出借自己收藏的昆斯作品給以色列特拉維夫藝術博物館舉辦展覽後，我收到的資料，當中的展品，可以說件件有價值。

知道自己投資的藝術家價值

雖然，何塞·穆格拉比在藝術界享有盛譽，但公眾對他幾乎一無所知，他的妻子瑪麗·穆格拉比（Marie Mugrabi）的行事又比她的先生還要低調，而她才是真正帶領丈夫，成為成功男人背後的偉大女人。瑪麗和何塞第一次見面是在巴西，當時他 22 歲，她年僅 14 歲。幾年後，她去哥倫比亞探望她姐姐時，他們再次相遇，她回憶道：「何塞是一個很有智慧的人，是一個真正的戰士，他非常堅定地向我求婚。當我開始和何塞在一起時，他對藝術不感興趣，但我對繪畫非常喜歡，他會嘲笑我，他還說：『我的屋子裡不放任何畫作喔！』儘管如此，我還是花了 300 美元（約合台幣 9 千元），買下我們第一幅不知名的阿根廷畫家作品，直到今天，還掛在我們家裡。」

不過，這位孺子可教的先生，在妻子的悉心教化之下，如今已經成為國際藝術圈的叱咤風雲人物。套句台灣俚語，穆格拉比先生在國際藝術市場可真是「喊水會結凍，喊米變肉粽」（請用台語發音）的教父級收藏家。因此，他對當今藝術收藏與投資的觀察和評論，是非常值得研究和參考的。他曾評論目前的藝術市場現象：

> 「我是資深收藏家，我知道我投資的藝術家價值，但今天你會看到越來越多 30 到 40 多歲的買家，在一件不重要的藝術品上花費 30 萬（約合台幣 900 萬元），或甚至 4,000 萬美元（約合台幣 1.2 億元），也不手軟。」

「今天人們對當代藝術市場感興趣，並不代表整個市場都沸騰了，而是某些重要藝術家的需求量很大。最近，就有人想以 1.5 億美元（約合台幣 45 億元）的價格，來購買我收藏的一件巴斯奇亞作品，但作為擁有者，我並不想出售。就當紅藝術家而言，藝術市場在價格方面從未像現在這樣好過，如果你有一幅好作品，你很容易找到四五六個買家，或是給拍賣公司舉行拍賣，幾天內就可以售

出總價值數億美元的作品。」

他還說：

> 「你必須區分作品及其價格，他們之間沒有任何聯繫。當藝術家創
> 作時，他並沒有考慮訂價，之後發生的一切都是純粹的生意買賣。」

圖片提供 © 王玉齡

| 麗莎・明妮莉
| 安迪・沃荷

令人深深著迷的安迪・沃荷

何塞・穆格拉比最熱愛的藝術家，非安迪・沃荷莫屬。而後者，也是將藝術品推向大眾、導向商業化的推手。

何塞·穆格拉比最愛的藝術家

何塞·穆格拉比曾指出，除了沃荷和巴斯奇亞等大牌藝術家之外，還有一些知名度不高的重要藝術家作品需求量也會變很大，他們的作品價格也會相對應飆升，例如抽象表現主義藝術家瓊·米謝爾（John Mitchell）和視覺藝術家喬治·康度（George Condo）等。他解釋說：「金融界人士由於錢很多，吸引他們進入藝術市場，所以藝術業務變得越來越國際化。過去市場主要在美國和歐洲，今天，來自世界各地的富豪都想購買藝術品。現在來自阿拉伯國家的買家也很感興趣，來自沙烏地阿拉伯的人數比過去多更多。購買者的興趣越大，價格就越高。」

他還有一些令人再三回味的經典名句，我覺得很值得跟讀者們分享：

> 「我是一個充滿激情的藝術品收藏家和經紀人，我根據自己的感受和直覺工作了很久。如果你對一件藝術品沒有感覺，那就千萬不要買。」

「我熱愛我所有收藏的藝術品，但如果我只能選擇一位，那就是沃荷。他是最具革命性的藝術家，他創造了當代藝術的巨大變化。如果再過 200 年，大家想了解美國是什麼，看看他的作品就足夠了，從他身上，你可以了解美國對全人類的影響程度。」

穆格拉比先生直指人心地道出藝術收藏和投資的核心價值，以及看到藝術家作品的原創性、藝術性和藝術史上的重要性和影響力，眼光和評論真的比非常多的資深藝評家更加犀利和精闢。所以，薑還是老的辣，如果大家有機會認識一些收藏家，也可以多多請益他們的收藏觀點和投資標的，或是多閱讀一些有關收藏家的深度報導，可以從而增加對藝術收藏與投資的知識和經驗，並學習他們獨到的眼光和觀點。

安迪‧沃荷的地位

至今世界各地的美術館還是經常舉辦安迪‧沃荷的展覽，光是近 5 年我就在新加坡、台北、首爾和倫敦看過多次他的回顧展，真的是百看不厭，了不起的藝術家。

1.3　富可敵國的跨國企業收藏

不少國際大公司、大財團也不惜重金爭購和收藏文物與藝術品。一方面，是爲了商業投資的目的；另一方面，是通過投資和收藏珍貴的文物和藝術品，來彰顯集團的財力，以及提高企業形象，通過藝文的形象包裝，是最有效率的商業操作和業務行銷，更是最好的資產投資，其中運用得最早和最好的就是瑞銀集團（UBS），堪稱國際企業界的最佳典範。

大家對於這個銀行集團可能不是很了解，不過，它可是全球最大的金融機構，我簡錄維基百科（Wikipedia）的描述，讓大家可以客觀地認識這個集團，就可以了解爲什麼他們會開始企業的藝術收藏：「瑞銀集團（UBS Group AG）是一家在瑞士成立的跨國投資銀行和金融服務公司。瑞銀集團的總部有兩處，分別位於瑞士的蘇黎世和巴塞爾；而作爲全球最大的銀行機構，瑞銀集團在全球各大金融中心城市都設有辦公機構。瑞銀集團以其對客戶資料的嚴格保密政策和銀行保密文化而著稱。隨著瑞士銀行業的興起，瑞銀集團的前身溫特圖爾銀行成立於 1862 年。而到了 1890 年，瑞士銀行公司發展成爲一個私人銀行集團；在瑞士國際中立的政策環境下，瑞士銀行公司得到了長足的發展。1912 年，溫特圖爾銀行與托根博格銀行合併成爲瑞士聯合銀行，其得力於《瑞士聯邦銀行法》中規定的銀行保密條款而快速擴展。在經歷了數十年的競爭之後，瑞士銀行公司與瑞士聯合銀行在 1998 年合併成爲『瑞銀集團』。除了私人銀行業務之外，瑞銀集團還爲個人、企業及機構用戶提供資產管理、財富管理及投資銀行服務，並提供全球服務。瑞銀管理著全球最大的私人財富，占全球億萬富翁數量一半的富豪是其客戶。瑞銀在瑞士阿爾卑斯山脈附近及國際某些地方興建了大量地下金庫、掩體及倉儲設施用於保存其所控制的金條。由於其銀行保密政策，瑞銀集團一直是美國、法國、德國、以色列和比利時等國政府當局進行避稅調查的主要目標。」

由上述維基百科的說明，我們清楚瑞銀集團不僅是全球最大的銀行機構，他們的主要業務其實是幫這些全球的富豪們管理私人財富，說得更直白一點就是幫大富豪把錢轉藏到海外避稅，而藝術品是最好的流動資金投資，因此，才成為全球最大和最重要的藝術收藏與投資企業。瑞銀集團非常懂得善用藝術收藏和展覽的方式，在世界各大城市拓展和推動其業務，也是最早透過這種藝術收藏與投資的方式，來經營美化企業形象，同時作為打入各國上流社會富豪圈的路徑，並作為全球擴張事業版圖的策略。

圖片提供©王玉齡

全球最大的藝術收藏和投資企業
瑞銀在藝術界具有很大的影響力，備受世界各國富豪的喜好與信任。

瑞銀集團與當代藝術的連結

從 1960 年開始，瑞銀集團便開啟了企業收藏的先鋒，至今已經擁有超過 3 萬件的國際當代藝術收藏品，藝術品的展覽公共空間遍及瑞銀在全球的 700 多個辦事處。該集團也清楚地揭露其藝術收藏宗旨就是：「UBS Art Collection 的使命是在我們業務經營的地區，獲取和維護藝術品，並在一級市場[7] 上購買，以直接支持當地藝術家和畫廊。我們的收藏就是我們的文化歷史的一部分，有助於塑造 UBS 的創新思維。」

對此，這間跨國企業還賦予了崇高的社會責任宣言：「藝術反映了我們是誰，作爲一個社會、作爲個人和作爲一個機構，它提醒我們人類的集體文化遺產，以及人類的未來。我們瑞銀也是一樣，藝術收藏品反映了我們成爲世界上最大的金融機構之一的過程，以及所採取的許多業務發展。我們的收藏涵蓋了我們以前在歐洲和美國收藏的重要作品，以及新購藏的作品，反映了當今的全球業務。」說白了，就是以企業藝術收藏投資作爲企業業務版圖的擴張策略與手法，並協助各國頂級富豪客戶，將部分資產配置到藝術品的投資中。

在 60 多年來的累積下，瑞銀收藏的品質與數量，足以梳理當代藝術發展史，被公認爲擁有最具代表的當代藝術企業收藏之一。同時，瑞銀對於全球推廣藝術教育及文化交流，也有很深的投入與影響。此外，瑞銀也積極贊助與支持藝術產業，特別是與有「藝術界的奧林匹克盛會」瑞士巴賽爾藝術博覽會（Art Basel）有長達 25 年的緊密合作關係。因爲這個全球交易量最高的藝術博覽會，每年吸引全球富豪來此購買藝術品，這些富豪也都是瑞銀的主力客戶，因此，除了爲企業豎立良好的社會形象，更重要的是爲他們的重要客戶提供最國際化的金融服務。

---

[7] 一級市場指的是產品第一次進入市場的管道，例如畫廊透過代理方式從藝術家直接取得藝術品，以展覽等形式介紹給藏家，產品在此被初次定價。二級市場則是產品再次流通的管道，例如拍賣行等。

攝影© Amily

藝術市場的支持者

台北當代藝術博覽會自 2019 年舉辦第一屆以來，都是由瑞銀集團舉辦呈獻。

以藝術收藏招攬頂級客戶

對瑞銀集團來說，意外的收穫是長期累積的藝術收藏與投資的基礎，甚至變成一項專業的服務。他們因此成立專門藝術市場分析部門，以專業藝術顧問的服務，提供高端資產的富豪客戶們對於藝術品投資買賣、抵押貸款、維護修復、免稅區倉儲管理、藝術法律諮詢等規劃與操作，成為開創企業藝術新型商業模式的經典案例。

隨著西方企業藝術收藏風氣逐漸擴及亞太地區，瑞銀集團也積極拓展亞太地區的業務，同時，為了順應藝術收藏與投資的全球化趨勢，以及越來越多頂級富豪收藏藝術品，甚至成立私人美術館，瑞銀也推出一項「收藏家社群」（Art Collector Circle）計劃，並於 2018 年 6 月舉行的巴塞爾藝術博覽會宣布，邀請身家超過 5000 萬美元，同時熱愛藝術收藏的國際富豪加入。

很顯然地，瑞銀是很懂得順應潮流，以藝術收藏來招攬全球頂級客戶，並協助國際企業客戶建立企業形，再擴充成為「實踐企業社會責任」（Corporate Social Responsibility，簡稱 CSR），發展共榮商機的最佳途徑。這個業務推展策略非常符合當今國際企業所需要塑造的高大上企業形象，以及勇於承擔的社會責任。瑞銀就是看到這個最高端的頂級客戶群需求，並針對這需求，提供最符合的對應專業服務與計畫，藉此增加全球 VVIP 客戶對瑞銀專業金融服務的黏著度。

攝影 © Amily

瑞銀收藏家社群

瑞銀推出的「收藏家社群」（Art Collector Circle）計劃，事實上就是以藝術之名，拓展國際金融服務業務，精準招募他們要服務的頂級國際客戶。

各位讀者，如果讀到這裡，你還是興趣盎然地閱讀著本書，那麼我要恭喜你，因為你是真心對藝術收藏和投資有興趣。本章節開宗明義的重點，就是要打開大家的視野，幫助大家了解藝術收藏與投資寬廣無限的可能性，而且也可以為個人帶來生活樂趣和與實質財富的認知。因此，可以想見未來你也有機會成為一位有品味的收藏家，因為藝術收藏與投資比的不是財力，更重要的是有眼光與品味，才是藝術收藏與投資的致富之道。

第二章　心理素質養成篇

藝術投資的門檻，不只是金額的多寡

一個朝著目標前進的人,整個世界都會給他讓路。

Once you make a decision, the universe conspires to make it happen.

——愛默生(Ralph Waldo Emerson),美國思想家、文學家

2.0　前言

各位讀者在第一章開宗明義篇中，已經閱讀了我清楚陳述藝術收藏與投資的國際案例和獲利價值，讓大家能夠清楚了解藝術的投資報酬和商業應用的無限可能性。本章我希望能夠從心理素質，去加強讀者們對藝術收藏與投資的信心，因為心理學家艾咪‧墨林（Amy Morin）主張：

> 「人必須先接納自己的好惡情緒，才會做出理性的思考，而且成功者通常是心理素質堅強的人，他們懂得管理自己的情緒、思想和行為。」

因此，本章就是要強化讀者們的心理素質，加深藝術收藏與投資的信念，朝著目標前進，讓整個世界為我們開路，就如同本章開頭所引用的愛默生名言。我在這個章節中，也將提供更多的資訊，為大家打造堅定的心智和信念，可以在藝術收藏與投資中，獲得更多生活的樂趣、知識的增長和財富的累積。

優秀藏家必備的心理素質

藝術創作題材反映時代和社會現象,要有好奇心與鑑賞力,才能看到、找到值得投資的明日之星,而好奇心、自制力、熱情……等都與心理素質有關。

2.1　藝術收藏有何樂趣？

讀者們要如何找到藝術收藏的樂趣？首先，讓我來跟大家洗腦一下：藝術收藏是一種品味高雅而且有益身心的娛樂活動，同時，也是身心靈的精神慰藉與糧食，不受年齡和文化階層的限制。不但具有知識性，可以學習到豐富的知識；更具有娛樂性，從中可以獲得玩賞的樂趣；還具有藝術性，可以吸取美感的滋養。更重要的是能夠排遣心理上的孤獨、無聊和壓抑等不良情緒，避免生活的枯燥乏味，使心理上獲得平衡和充實，有怡情養性的好處，讓生活更加健康。

圖片提供◎王玉齡

欣賞藝術品帶來更多樂趣
常看文物或藝術品是有益身心健康的，個人的經驗是每次看完一個展覽，就有一種學習的快樂心情。

看到這裡，是否有讓人感覺藝術收藏真的是帶來快樂的良藥、治癒百病的仙丹？其實大家真的要相信，每一件收藏品都有其獨特魅力，都能給人一種精神上的愉悅感，在茶餘飯後，取出一件精美的藝術品，輕鬆把玩，細細品味，能給人一種賞心悅目的感覺，特別是經過千辛萬苦終於到手的一件精品，會給人一種欣喜若狂的感覺。同時，又能與家人朋友一起分享，充實自己的人生，帶來生活的快樂，增加對生命的眷戀。此外，因為收藏是自己的興趣愛好，會讓人樂此不疲，心情愉快，想的、做的，都是自己感興趣而自動投入的；苦的、樂的，都是自己心甘情願的享受，還可以培養自己的毅力和事業心，養成一種工作習慣。

收藏帶來的健康效果

從藝術治療心理學的研究證實，這種文化享受和精神愉悅的滿足，對於一個人的身心健康、延年益壽是極有益處的，特別是因為藝術欣賞和收藏這件事，完全建立在自己興趣獲得滿足的基礎之上。讀者們可能會認為藝術收藏與投資跟健康有什麼關係？事實上，目前國外醫學研究報告指出，藝術對我們的健康非常有益，並讓人感覺更快樂、更健康。欣賞藝術也是治療慢性病的良方，根據「藝術治療法」，觀看藝術品是給我們的眼睛、腦袋、心臟甚至全身開的一副特效藥，也比吞藥丸來的輕鬆多了[1]。此外，國外的藝術治療研究也指出：藝術品是真善美的，每天看上幾眼，帶來快樂的心情，激發快樂荷爾蒙，增進多巴胺（dopamine）的分泌，進而產生擁有作品的歸屬感，讓精神和生活充滿幸福感和安全感[2]。

---

[1] 美國加州大學柏克萊分校邀請 200 名年輕人參與藝術作品的欣賞，之後研究人員採集了牙齦和口腔黏膜滲出液的樣本，發現他們體內的細胞激素白血球介素 -6（炎症的一個測量指標）含量最低。實驗結論指出，藝術體驗帶來的正向情緒，可能降低人體內某些發炎因子的濃度，例如引發糖尿病、心臟病、關節炎甚至老年癡呆症。

[2] 美國卓克索大學護理和健康專業學院助理教授、藝術治療師 Girija Kaimal 的研究，集中於理解創意性的自我表達和藝術治療如何影響我們的情緒和心理健康。特別之處在於 Kaimal 關注的是藝術降低與壓力和焦慮相關的皮質醇的能力，以及藝術欣賞具有減輕疼痛、緩解疲勞之效。她指出，通過藝術來釋放或驅散這些負面情緒，會取得特殊的治療效果。

正確看待藝術收藏的心態

作品的美好可以讓晚上得以好眠，若將眼光置於經濟得失，這些作品就不再那般單純的美好。

> 因此，如果收藏藝術以金融商品待之，每天像是在看股票漲跌，
> 就會本末倒置，失去藝術品本身帶來的快樂。

有人說，對於藝術品抱持開放態度的人，才是真正放縱自心、逍遙四海的人，因為收藏讓我們的心悠遊在美的感動當中，享受藝術收藏帶來的生活樂趣和身心健康，同時，又能享受投資帶來的財富，這才是收藏與投資的真正價值。

如果藏家憑藉對藝術的熱愛和銳利的鑑賞眼光，發覺有潛力的藝術家，或是在跳蚤市場找到被遺忘的曠世巨作，這種意外驚喜，經久難忘，津津樂道，也成了藏家收藏生涯的趣談和佳話。因此，增值也是藝術收藏的最大樂趣和最直接的回報，絕大多數的收藏家也是精明的投資家，他們很清楚知道藝術品收藏是與房地產、股票同樣具有高回報率的投資，就如同古董文物買賣，自古以來都是利潤豐厚的行業，中國古代就流傳著這樣的說法：「糧食生意一分利，布匹生意十分利，藥材生意百分利，古玩生意千分利。」所以每個時代都有收藏品和投資者的存在，他們知道如何低價買進，高價賣出，即使只是把收藏當作業餘愛好，看著自己的收藏品在短短幾年時間內，價值翻了幾倍，心中能不樂乎嗎？

圖片提供◎王玉齡

收藏與投資的平衡

早期單純因為喜歡而買日本當代藝術家奈良美智作品的藏家，真是買到賺到，獲利是以百千倍計算。

2.2　藝術真的能投資嗎？

看完藝術收藏對生活的樂趣和身心的健康有如此大的益處，大家是否就覺得應該馬上就跳入收藏與投資的坑裡嗎？立馬開始買進投資了嗎？不對，不對，我還是要本著對讀者們負責任的態度，慢慢帶領大家入門。本章是心理素質養成篇，還先讓大家從各個層面去了解藝術收藏與投資的本質，藉由接下來的每個章節慢慢引導大家走入這個無限廣大的世界，以穩健的腳步，慢慢去探索，找到自己喜歡的收藏樂趣和投資領域。

首先，是要讓大家認識藝術品收藏真的有投資的價值嗎？其實這個問題的答案是無庸置疑的肯定，因為從每年許多藝術市場研究報告中，再再提出結論指出：投資藝品報酬更勝股市，而且從紐約大學教授梅建生（現任教於長江商學院[3]）與麥可·摩斯（Michael Moses）設計的「梅摩斯藝術交易指數[4]（Mei Moses All Art Index）」可以發現，全球股市近 50 年來的平均報酬率為 11.7%，而藝術品的平均報酬率卻達 12.6%！面對通貨膨脹的負利率時代，加上全球股市低迷、基金腰斬的世道，錢不投資，就會縮水，而藝術品早被世界視為股票基金等有價證券，及房地產外的第三大投資商品。

---

[3] 由李嘉誠基金會捐資創辦，擁有獨立法人資格的非營利性教育機構。學院成立於 2002 年 11 月，現有 MBA、金融 MBA、EMBA、高層管理教育四個項目。2005 年到 2009 年，長江教授在世界頂級管理類學術雜誌上人均發表論文數量全球排名第 6 位。2011 年，長江商學院中 2500 多位擔任核心管理職位的中國企業精英校友和學員企業年收入總和超過 1 兆美元，相當於中國當年 GDP 的 13.7%，超過印度尼西亞 GDP 總和。

[4] 1988 年，梅建平和運營管理學教授麥可·摩斯，共同創立了梅摩藝術品指數（簡稱梅摩指數）。梅建平從金融角度出發，以經濟學模型為基礎，運用摩斯收集的 300 年來世界著名拍賣行的藝術品拍賣數據，建立了分析藝術品市場走勢的數學模型。梅摩指數通過跟蹤同一件藝術品的重複交易記錄來構建，因此能夠很好地反映了藝術作品的市場走勢，根據同一件藝術品買賣的價格差，就可以計算出一段時間的投資回報率，為投資者提供了較為全面系統、客觀可靠的信息。

圖片提供 © 王玉齡

人人追捧的「XX」標誌

KAWS 是現代首屈一指的流行藝術家，從平面藝術轉戰玩具公仔後，由於部份商品的溢價情況嚴重，也間接成為頗受歡迎的投資項目。圖為他最著名的《同伴》（Companion）系列。

自疫情以來，熱錢流向藝術市場，國際買家在拍賣會上動輒以上億天價買賣藝術品的新聞，屢見不鮮。富人投資藝術品節稅兼避險的風氣愈來愈熱絡，這個看似高不可攀的投資選項，讓人感覺離我們非常遙遠。特別是當代藝術，近幾十年價格飛漲的速度，令人咋舌；一幅眼神空洞的人像畫，要好幾千萬人民幣？一隻雙眼畫 XX 的米老鼠雕塑要價好幾百萬美元？一張被火藥炸過的宣紙，現在你有錢也買不到？目前全球當代藝術當紅當道，國際藝術市場從 2004 年起，不管是亞洲或是歐美，捧紅了許多國際級明星藝術家，像是日本藝術家草間彌生、奈良美智、村上隆；華人藝術家常玉、趙無極、朱德群；中國藝術家蔡國強、張曉剛、方力鈞、王廣義、岳敏君等「四大天王」；歐美安迪‧沃荷、巴斯奇亞和 KAWS 等，他們的藝術作品增值的速度可比雲霄飛車，在國際拍賣會上屢創佳績與最高拍賣紀錄，帶動了國際藝術市場節節上升的熱度，同時，也引發中生代藝術家作品水漲船高。

驚人的投資報酬率，吸引各行各業紛紛投入

我認識的許多藏家中，就有非常多人在這將近 20 年的收藏投資中，獲利至少 10 倍甚至數百倍的投資報酬率，有幾位原本是正職醫師的藏家，放棄執業醫師的高薪，改行當專職收藏投資家也大有人在；還有許多原本是收藏家，因為藝術品的投資很高，改行經營畫廊，可以低價買進作品存放，等待作品升值漲價。我作為畫商兼藝術經紀人，20 幾年前居住在巴黎時，經手出售過非常多華人藝術家常玉的油畫和素描，曾經因為買家退回了一張常玉的油畫，我只好自己留下來。記得當年雖然花了 18 萬台幣，不過，幾年前送拍賣，賣了 3,700 多萬台幣，收藏大概 20 年，增值大概 200 倍，是非常高的投資報酬率。這類例子非常多，特別是我經手賣出的作品，要細說每一個案例的話，大概又可以寫一本書了。

圖片提供 ©王玉齡

| 盆中牡丹
| 常玉｜1950 年代｜油彩，纖維板

還沒完成就是不好的作品？

這張常玉盆花作品被藏家嫌棄完成度不高而退貨，其實是常玉把原本畫好的畫作，刮除再重新畫，只是還沒有畫完。不過，還是可以看出他簡潔流暢的盆花構圖。

累積專業知識的重要性

不過，藝術投資是智慧型投資，屬於中長期的投資性質，也是一項非常需要做功課的投資，因此，對藝術一定要熱愛，並且喜歡認識了解藝術家的藝術理念和創作風格。

　　藝術投資的門檻，不只金額多寡，更講究專業知識。

因為比起股票、基金和房地產，藝術品不像股票流通率高，加上藝術品的買賣屬小眾，除了拍賣會，價格不太公開，風險評估較困難。尤其是目前交易最熱絡的當代藝術，由於藝術家尚未蓋棺論定，藝術品還帶有人為操作的可變因素，即藝術家的際遇、努力、持續創作與否，都將連帶影響作品的市場評價。

再說，買藝術品很容易，去畫廊、拍賣會逛一圈，幾萬元起跳的藝術品應有盡有；但要脫手變現，卻沒那麼簡單，主因是藝術市場資訊不透明，品項多樣且沒有公定價格。可見藝術投資並非穩賺不賠，因為藝術家的作品行情也會像股價一樣，有漲有跌，特別是藝術投資者一窩蜂追捧的明星藝術家，為求藝術品的快速增值，聯合拍賣公司和畫廊，出現左手賣畫，右手買畫，人為炒作哄抬藝術家行情的奇怪現象，也是時有所聞的。

　　所以，藝術收藏確實是可以值得投資的，只是它是所有投資標的物中，最難被精準分析的。

2.3　　藝術投資基本面

許多人聽說過藝術收藏家花大錢買藝術品，不過，大部分的人對於這些藝術品的價值，經過數年後，投資報酬率是數十倍、甚至百倍成長是非常不解。其實，藝術投資跟股票投資有很多的類似之處，例如瞭解股市運作的人都知道基本面就是影響公司財務與獲利之所有因素，也是投資者決定選股的基本分析。藝術投資也有所謂的基本面，以下跟大家分析說明一下：

名家作品價值 —— 如果這位藝術家已經在藝術史上被公認為藝術大師，那他就是基本面非常好、值得投資的藝術家，再加上藝術品原作的稀有性與獨特性，藝術價值只會節節升高。最令人瞠目結舌的案例就是 2017 年，俄羅斯富豪德米特里・雷波諾列夫（Dmitry Yevgenyevich Rybolovlev）不滿他的藝術顧問布維耶（Bouvier）勾結紐約蘇富比坑他，決定把他花了 1.2 億美金（約新台幣 36 億元）買的達文西《救世主》[5] 畫作送到紐約佳士得拍賣，目的是要讓藝術市場評評理，看看這幅畫是有那麼值錢嗎？

結果《救世主》以 4.5 億美元（約新台幣 135 億元）成交，成為至今全世界最貴的一幅畫，就這樣買畫不到 3 年的時間，讓雷波諾列夫大賺了約新台幣 99 億元，天下應該沒有比這筆交易更賺錢的投資。

選對名家投資 —— 可能很多人會問：藝術品不是要選好作品嗎？如果是藝術大師不好的作品也可以買嗎？答案是肯定的，因為名家再簡單、再普通的作品也都有一定的價值。因此，如果要選作品買來投資，那麼買名家的一般作品，其價值和增值都還是很可觀和被期待的，絕對比選知名度不高的藝術家的好作品更有投資效益，日後的增值空間也會有很大的差別。例如十幾年前我幫一位收

---

[5] 詳見第一章 開宗明義篇 1.0 前言。

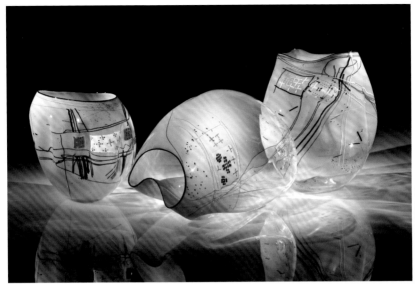

虹彩琥珀與繪製碎片編籃組
戴爾·奇胡利｜2017 年｜玻璃

名家投資很難出錯

買藝術品選名家，名家的小品絕對比名不見經傳的藝術家的大作值得投資，好比說美國藝術家戴爾·奇胡利（Dale Chihuly）因帶領玻璃工藝提升至藝術範疇而聞名，自然成爲名家。

藏家花新台幣 120 萬元買了一張畢卡索（Pablo Picasso）8 開大小的鋼筆素描風景畫，過了 4 年多，藏家送去拍賣，就以新台幣 700 萬元獲利了結，一張名家的小品作品都能有這麼大的成長幅度，令藏家非常開心，覺得自己的投資眼光非常銳利。選藝術家比選作品重要，這也就是爲什麼拍賣市場很多不錯的作品流標，而一些名家的普通作品也還能成交。如果選錯了藝術家，就算買到是最經典的精品，其價值還是很有限，最重要的是很難脫手，最後只能留在家中自己孤芳自賞了。

2.4　　藝術投資的利弊

藝術投資是需要長時間持有的，之後才有較高的獲利。一般來說，不建議用短期股市投資的方式來看待藝術投資，因為藝術品應該是資產分配和投資組合的類別之一而已，只是藝術品還有附加價值，可以用來欣賞，增添生活樂趣與空間美感氛圍。了解藝術投資的優缺點，對讀者們來說，是非常重要的。為了不要讓大家變成誤入叢林的小白兔，我有義務在引導入坑之前，好好跟大家說明入場之前的基本認識和心理準備。

首先從優點說起：

1. **享受附加價值**：大多藝術投資者都先成為收藏家後，才進入開始投資，這也是唯一兼具欣賞價值、生活樂趣與展現品味的資產。如果你一點都不喜歡藝術，那麼這項資產投資的附加價值就沒有用處，也建議你不用繼續閱讀本書，因為對你來說，這會是一項艱難且乏味的投資。

2. **自主掌控投資**：藝術投資一大優點就是你自行決定，並且掌控自己的買賣資產，而不是由投資公司控制在手中，特別是前幾年美國次級房貸風暴與華爾街交易調查之後，許多人無法相信他人經手的投資，而藝術投資則是完全可以由自己管理和買賣。

3. **活越久領越多**：藝術品與基金或股票不同，通常都會隨著時間越久而穩定升值。特別是如果購買前慎選作品，那麼可以預見未來的藝術品價值將會遠遠超過付出的價格。

4. **沒有市場波動**：你曾經在股票市場上感受過像搭雲霄飛車一樣的上下震盪嗎？恭喜你，在藝術界，股票市場的修正、波動與其他金融風暴是不存在的。這

熱愛藝術的附加價值

對於熱愛藝術的人來說，巴不得把全球藝術博覽會走透透，開眼界也從中獲得許多樂趣。而且藉由參與藝術收藏與投資，還兼具增加財富的效果。

是投資藝術最大的優勢之一，收藏家可以每日安穩入睡，沒有其他投資類型的焦慮和擔憂。

再來有關缺點的部分：

1. **入門門檻很高**：藝術世界想要入門的門檻相當高，最主要的障礙就是藝術專業知識不足，鑑賞眼光需要長期培養。就好比投資股票一樣，必須先研究想要投資的公司的基本面、產業的前景，並且查看分析財務報表。如果覺得這家公司的經營和獲利不錯，只需要登入自己的投資帳戶，點選幾下滑鼠就可以購入該股票。然而，在投資藝術品的時候，你一樣要在購買之前研讀大量訊息，這個先決條件與其他類型投資是完全一樣的，

   只是等你研究完畢，不一定買得到想要的作品。

   ---

2. **資產流動困難**：與其他投資相比，藝術品並非傳統的流動資產。以股票投資來說，購買和出售幾乎是可以同時進行，只需要在電腦前敲幾個按鍵或打一通電話，可以即時售出。然而，如果想要脫手藝術品，並且取得高獲利的好價格，那就要等到好時機，還要找到好的銷售管道和通路，都需要花費一些時間、精力與計畫。

3. **藝術品的保存**：收藏並擁有實體藝術品，可能讓我們非常開心，可以欣賞和展示。不過，同時也必須小心翼翼照顧作品的展示安全與狀況保存，維持空間的恆溫恆濕，甚至投保天然災害的保險，才能維護和保持其價值。

4. **價值無法保證**：再來就是藝術市場是一個不可預測的環境，不管是新銳或是已成名的藝術家都可能失寵，或者因為個人因素，從藝術圈消失。因此，即便已經做好了前面所有的功課，也沒有人可以保證收藏的每一件作品，能夠在幾年之內翻倍成長。

圖片提供© 王玉齡

藝術品的保存
藝術品收藏有時也很需要良好的空間擺放，特別是恆溫恆濕的設備，才能讓作品維持良好狀況。

2.5　正確的藝術收藏投資心態

在資訊發達、經濟繁榮的時代，藝術收藏已成爲上流社會的經濟生活中的一部分，不再是文人雅士的專利。從近年的觀察中，當社會經濟起伏、金融市場變幻莫測時，各種股票、證券和房地產投資相對不確定性時，藝術收藏的價值和增值反而穩定。也因此，低風險、高效益的藝術收藏越來越受到有識之士的青睞，其投資報酬率遠遠超過股票和債券。不少大公司和財團也不惜重金購買藝術品，一方面是投資；另一方面是避稅和分散資產，又可以顯示雄厚財力和提升企業形象。

因此，用藝術收藏來凸顯尊貴的社會階級和高尚的生活品味，是最直接的財富和身分地位的象徵，可以用來彰顯企業和家族的顯赫地位。許多財富雄厚家族都會收藏藝術品，原因在於藝術代表家族文化品味的承傳，同時凝聚著父輩的文化價值觀。其次，藝術成爲上流人士的身份名片，象徵著美學品味和社會地位。此外，藝術品具有相對安全的投資性質，其唯一性不斷助長藝術的稀有價值，尤其是國際知名藝術大師的藝術精品，更是受到世界各國的有錢人追捧，需求越來越大，價格也節節攀升，屢屢創新高價。

最終我們還是必須談到的是，藝術資產非常適合慈善、捐贈、義賣和遺產繼承的規劃。各國富豪們擁有巨額的財產，其社會責任和未來家族的遺產安排是必須預先籌畫。藝術資產由於其市場的不透明性和價格的不確定性，已經成爲有錢人在分散資產配置、稅金繳納和遺產繼承時，可以靈活運用的籌碼。也因爲藝術收藏旣可炫富，又可以保值加增值，同時，還能巧妙運用在資產的避稅。因此，越來越多的熱錢流向藝術市場，各國的大企業家們在拍賣會上，動輒以上億天價買賣收藏品的新聞，屢見不鮮。富人投資藝術品，節稅兼避險的風氣愈來愈熱絡，也造成了這個看似高報酬率的投資選項，熱度不停飆升。

藝術市場的失序

也因爲這種不正確的心態，投資獲利凌駕欣賞收藏，形成藝術市場的失序，有畫廊拍賣公司不惜製造高價成交的假象，投資藝術品不能抱著買彩券的投機心態和不切實際的幻想，否則買錯標的或買到贋品，別說投資幻滅，連欣賞的樂趣都不可得。雖然藝術投資不見得是有錢人的專利，但若只是抱著投資的心態，一定賺不到錢！畢竟藝術品的漲跌，牽扯到太多主觀的市場與人爲因素，純以投資角度出發，買對了上天堂，買錯了可是「住套房」。

藝術投資理財在財經媒體的渲染之下，好像非常好賺。不過，藝術投資相對門檻高，主要在於收藏者必須長期關注藝術家動向，具備藝術史的專業知識，並且要熟悉畫廊經營藝術家的運作狀況，還要能判斷拍賣紀錄是否作假，以及作品的眞僞性。由於這類陷阱多多，要做的功課也多，使得非常多人在這條路上怯步。其實，該有的正確收藏投資態度和心態應從怡情養性、自己喜歡的立場出發，先從自己喜愛的藝術類型、比較懂也有能力負擔的作品下手，不要道聽塗說，一聽到某名家拍出天價或誰正當紅就盲目跟進。同時，也建議大家從收藏開始，再慢慢過渡到投資，以免變成一隻誤入叢林的小白兔，最後變成一隻任人宰割的肥羊！

圖片提供◎白石畫廊

大黃兔
弗洛倫泰因・霍夫曼｜2018 年｜陶瓷

買對藝術品，讓你上天堂

買到優質藝術品，等於退休金都已經儲備好了，就可以躺著翹腳、悠遊人生，就像我幫台北白石畫廊策畫的弗洛倫泰因・霍夫曼（Florentijn Hofman）展的這隻兔子。

三個藝術投資的正確心態

我們常說重要的事情要說三遍：唯有秉持正確心態，才是確保藝術投資成功。
（請在心裡默念三次）。

第一，所謂「藝術投資」，應以藝術收藏為出發點，凌駕投資獲利
的目的，才能為自己買進無價的「鑑賞力」。

因為滿腦子想投資，最容易選到錯的東西，被畫廊催眠說這幅畫以後會賺錢，
你會忽略了自己對畫的感受，之後，如果作品沒增值，自己又不喜歡，就會有
人財兩失的挫敗感。

第二，藝術投資要入門，首先就是要建立專業知識和鑑賞力。

多聽多看多逛多閱讀多比較，練就自己的基本功，再下手買自己很喜歡的作品，
一定可以選到藝術家的傳世之作，若干年後的投資報酬率絕對比同一位藝術家
的其他作品要高出非常多。我認識許多人都是從藝術愛好者開始收藏喜歡的藝
術作品，最後全力投入，之後變成重要收藏投資者。

第三，初入門者一定要用可承擔風險的「閒錢」來收藏藝術。

作品買來可以修身養性地欣賞，放置長期投資，5年10年後即可獲得可觀的增
值報酬率。若本末倒置，貸款搶購作品，搞得三餐不繼或負債累累，造成家庭
失和或是引發與家人的嫌隙，何苦來哉？

欣賞藝術品滿足多元需求

優質藝術品要有慧眼和閒錢，既可當作休閒活動，又可以投資理財，一舉數得。圖為瑞士當代女性雕塑家卡羅爾‧波維（Carlo Bove）在 2017 年威尼斯雙年展中，作為瑞士國家館代表藝術家展出的作品「New Moon」。

2.6　你準備要收藏投資藝術了嗎？

在幫大家建立正確的藝術收藏投資心態之後，你可能會問何時可以進場收藏投資？其實，越早越好，我認識很多的藏家，他們都會帶著家人和小孩一起去參觀美術館大展，或是一起去藝術博覽會參觀，挑選各自想買的藝術品，這也是最佳的親子活動，同時，也是不同世代美學價值觀互相交流學習的最好機會。近年來，藝術博覽會場中出現許多年輕上班族的身影，可見上班族也亟欲一窺藝術收藏的堂奧。事實上，如果沒有富爸爸帶我們進入藝術收藏與投資的殿堂，我認為：

> 30 歲左右，開始有點經濟基礎的上班族，是最適合開始接觸藝術收藏的族群。

越早進入收藏投資圈的人，越可以體認到藝術品是一項很好的投資。撇開個人愛好不說，事實證明，藝術品也是一項嚴肅的資產類別，所以你可以從基本的收藏觀點和投資角度，去選擇藝術作品，選擇那些經得起時間考驗、會繼續升值的重要藝術家的作品，或者那些從媒體新聞或專業口碑角度，看到未來可能會名聲大噪的年輕新銳藝術家作品。至於如何選，端看自己是否有足夠的眼光訓練和選擇自信。因此，建議各位盡量多看，多看什麼？參觀美術館、博物館、畫廊、藝術博覽會或者在網上瀏覽各類藝術網站，看的藝術品越多，判斷力就會越精準。

> 佩斯畫廊[6]（Pace Gallery）的負責人馬克・格利姆徹（Marc Glimcher）曾說：「先去博物館看看，看哪些東西能觸動你；去畫廊或拍賣會之前，先弄清你對藝術史的哪個流派感興趣。」

從展覽看新世代藏家的崛起

2022 台北國際藝術博覽中，處處可見年輕世代藝術家的作品，也吸引更多年輕人前去欣賞。

我也認為這是給入門者準備工作的最直白的建議。

---

6 佩斯畫廊是全球知名的當代藝術畫廊，自 1960 年創立以來，代理眾多 20 至 21 世紀最為重要的藝術家，更在全球許多城市設有分支機構。

練眼力也要走出「舒適圈」

再來，新收藏者不應該只買那些最初吸引他們的東西，這樣你的鑑賞力就沒有進步。當你買了一件作品之後，就要常常看著作品問自己：

> 「當我懂得更多之後，或者收藏很久之後，這件藝術品給我的感覺
> 會是什麼？」

更好的做法是，第一次看到令人心動和衝動想購買藝術品時，可以對自己做點有點挑戰性的事情，那就是還沒有很確定自己是否真的喜歡這件藝術品時，先想像一下，五年後更聰明的你，會怎麼看待這件作品，這種練習真的可以幫助自己增長鑑賞力。

藝術市場是個資訊的市場，誰握有更多資訊，誰就贏，許多的畫廊老闆都有這點共識，所以要做收藏家投資者只有靠多做功課，長期關注市場動向，才能了解藝術家背後的經營者與支持者、其他收藏家的實力，來做為收藏的參考。我們身處當今網路資訊爆炸的時代，掌握藝術市場資訊最快速的方式，就是年輕世代再熟悉不過的網路，如「Art Net」、「Art Price」、「Artpro」、「Artsy」、「雅昌藝術網」等等，都是藝術圈內耳熟能詳的網站，內容有收集了全世界各拍賣場的拍品與價格、藝術家作品的評論、在國際上受歡迎程度的報導、行情漲跌的分析、過去作品價格歷史紀錄、各地的藝術市場趨勢研究，資訊應有盡有，一目了然。

有一個有趣的小軼事，前一陣子，我受藏家好友之邀，去品茗老普洱茶，茶莊主人慷慨大方，請我們喝的是一餅（約 320 公克）約 780 萬台幣的紅印普洱，當天下午賓客 4 人就喝掉 16 公克，價值 40 萬元的好茶，真是令人回味如甘。席間，大家聊到老普洱茶近 20 年來翻漲 416 倍的驚人投資報酬率，客人們都對主人擁有數量可觀的古董級普洱茶收藏，羨慕不已。主人則告訴我們：「要先懂得喝茶，才會用心研究，才能長久收藏，當投資。」他把「品飲、收藏、投資」三個區塊點明成進入普洱茶世界的三個步驟，讓我深受啟發，我想若將藝術分成「欣賞、收藏、投資」三部曲，同樣就能幫助大家輕鬆接觸藝術、欣賞藝術，找出自己最想收藏的藝術，有助於品味藝術，進而能夠更精準地找到藝術投資價值，那便是這本書最重要目標與價值。

圖片提供 © 王玉齡

多多看展，有益大腦
國際美術館與博物館的大展要多多參觀，既可當作學習藝文新知，又是有益大腦的活動。

第三章　藝術欣賞速成篇

決定投資成敗，最關鍵的是眼力！

人不光是靠他生來就擁有一切，而是靠他從學習中所得到的一切來造就自己。

People not only is he was born with everything, but by him from learning to get everything to make yourself.

——歌德（Göthe），德國詩人、劇作家、思想家與科學家

3.0 前言

藝術收藏是一種美學品味、一門學問研究、一項投資理財,可以帶來生活樂趣、修身養性和增加個人財富,因此,對許多人非常具有吸引力,想要多認識了解,卻苦於沒有門道。近年來,我們常常聽到藝術品的拍賣動則幾億新台幣成交,或是哪件大師作品在廢棄閣樓找到,鑑定出天價的價值。

> 事實上,這些聳動的消息只是茶餘飯後的話題,對於有心想要入門藝術收藏投資圈、擠身為藝術收藏家的人並沒有太大的幫助。

在上個章節的結尾,我有提到將藝術分成「欣賞、收藏、投資」三部曲,希望幫助大家輕鬆欣賞藝術,找出自己最想收藏的藝術,進而能夠更精準地掌握藝術投資的價值。因此,本章就要集中火力,幫大家上一堂藝術欣賞的培訓速成班,才讓大家了解藝術收藏與投資的最主要竅門,就是看作品與買作品。也只有學會如何看藝術的門道,訓練好自己看作品的眼力,才能買到自己喜歡欣賞、經得起考驗收藏的好作品,也才會有藝術市場的投資價值。

3.1　訓練眼力是基本功

整體而言，購買藝術品的動機與路徑各有不同，有些人是因為對藝術的熱愛，進而購買收藏，挑對好作品，假以時日藝術價值暴增百倍，意外成為投資理財、累積財富的最佳工具；有些人則是一開始就鎖定藝術品當作投資的標的物，如同在股市操作一般，認真鑽研目前藝術市場上的重要績優藝術家的行情，同時到處尋找好的標的物作品，也因為長期投入研究，進而訓練出好眼力，買到高效投報率的作品，並愛上藝術。無論你是藝術愛好的前者，或是藝術投資的後者，要成為能夠獲利的藝術藏家最基本與重要守則，就是要深深愛上藝術，懂得看門道，培養精準的眼力，就能快、狠、準買到潛力無限的藝術家與好作品。

至於要如何訓練眼力？要怎樣學會看門道？很多專家都會告訴藝術收藏或投資的入門者：平常要多閱讀藝術史、藝術雜誌和拍賣報導來充實藝術領域的基本知識，閒暇要多去看美術館、博覽會、拍賣會和畫廊的展覽，增加看作品的功力。不過，我個人認為：一般大眾對於藝術作品的欣賞，多半停留於很淺層的認知和理解而已，如果是具象的作品，就是以畫得像不像來評斷，如果是抽象繪畫、或其他形式的創作，可能就覺得看不懂。

圖片提供 © 王玉齡

藝術無形式的界定
藝術並沒有形式上的界定，任何材料、手法、工藝都可能被運用在藝術上，因此更考驗人們的眼力。像是這件作品實際上是將硬梆梆的鐵材，以剛柔並濟的曲線與質感呈現，達到剛柔合一。

Nike I
卡羅爾・波維｜2018 年｜鋼鐵雕塑

敞開心靈，先學會傾聽作品

> 事實上，要訓練眼力，首先要用開放的心態去觀看藝術，不要以
> 自我為中心，先妄下評斷。

先要學會傾聽作品，跟作品進行眉來眼去的視覺性對話，無論你喜歡、或厭惡這件作品，只要是讓你有感覺的藝術品，某個層面來說，都是好作品。之後，再去閱讀更多有關藝術家介紹與作品的解析，就會更深刻理解作品藝術性與原創性。任何投資都沒有捷徑，都需要潛心研究，所以藝術收藏投資入門的基本功，就是了解藝術家、看懂好作品，就像是買股票一樣，最基本的要先搞清楚股票的產業類與基本面。

因此，藝術投資需要靠財力和眼光，缺一不可，而且眼光需要時間去養成，有的人先從閱讀藝術相關的書籍，不斷的去看、去研究，如此養成藝術的基本專業知識。

> 因為個人對藝術的欣賞和喜愛是主觀的，不一定是客觀的好投資，
> 必須同時建立代表市場的眼光，以及個人直覺的眼光，如果兩種
> 眼光都覺得是好作品，那就是對的作品，可以毫不猶豫地下手。

藝術表現是非常多元的，許多人買藝術品相對主觀性較強，這並沒有所謂的對與錯。不過，如果是要藝術投資，還是會建議大家以理性購買，來配置資金和收藏，會有更好的投資報酬效益。例如把三成的金額買自己直覺喜歡或家人喜歡的藝術品，另外七成資金放在客觀和理性的投資收藏上，也就是雖然不是自己喜歡的藝術家，但以市場的角度卻會增值的藝術品。此外，等大家的眼光訓

圖片提供◎王玉齡

從多元視覺進入作品
當代藝術的形式非常多元，可以讓大家養成開放的心態
和寬廣的視野。

練精準了，就可以嗅出藝術市場的脈動，並且掌握購買和出售作品的進出點，
其中的眉角是需要時間累積和醞釀，才能收放自如。如果你在 28 年前購入時，
價格是很便宜沒錯，不過要等 20 年才能賣到好價錢，如果選擇在 10 年前入手，
雖然必須付出比 28 年前的十倍購買價，不過，這時候的切入點應該會是最漂亮，
因為藝術家的創作進入成熟期，大家也開始肯定和看到他的作品的好，但又不
是價格最貴的時期。

從生活中輕鬆累積藝術眼光

我們常常在媒體上看到的新聞：今年春拍[1]在蘇富比（Sotheby's）拍賣會上，有人花費6,720萬美元（約合台幣2億元）買下梵谷（Van Gogh）的一件晚期作品，或是佳士得（Christie's）將舉辦最高級別的藝術品拍賣會，畢卡索（Picasso）和瑞士藝術家賈科梅蒂（Giacometti）的作品有望在拍賣會上打破記錄，這種拍賣會目前是我們的財富等級無法企及的。不過，要訓練眼力和購買藝術品還有很多更方便更普通的法門，例如各城市的大小畫廊、各地的大小拍賣會和網路上的藝術家或是藝術介紹網站、藝術博覽會、年終學生的畢業作品展以及一些藝術家工作室開放日的節慶活動。有空的話，大家可以跟親朋好友相約，或是當作親子活動，甚至是情侶約會，一起去欣賞藝術展覽，這樣的過程就可以讓人輕輕鬆鬆訓練和累積看懂藝術的好眼光，還可以跟家人共度美好時光，說不定還買到物美價廉的藝術品，豈不是一舉三得。

圖片提供© 王玉齡

到美術館約會去

情侶戀人相約去美術館看展覽，既可以怡情養性，增加生活樂趣，又可以培養彼此的默契和共同的審美觀，有助於家庭生活的和諧。

---

[1] 拍賣市場一年當中主要分為春拍（春季拍賣）以及秋拍（秋季拍賣），其中又以春拍最具指標。

3.2　到畫廊認識藝術家

常常很多剛入門者會急著問去哪裡買藝術品？首先要提醒大家，認識藝術家才是第一步，之後才能知道如何買！我會建議大家先從參觀畫廊開始認識藝術家，因為這些畫廊已經幫我們把關，以他們專業的角度，選出他們認為有藝術性、又有欣賞價值的藝術家來做展覽，

> 所以，從逛畫廊展覽，可以幫助我們建立一份我們喜歡、值得關注又有市場性的藝術家清單。

此外，有別於拍賣會的緊張氣氛，畫廊是一個相對輕鬆且安靜的環境，我們可以先慢慢欣賞觀看，了解藝術家作品的定價和市場行情，詳細詢問評估之後，再決定是否要購買收藏。

一般來說，每家畫廊有主要的藝術風格和經營方向，有的以當代藝術為主，有的以現代或古典藝術為主，當代藝術畫廊在風格和審美與古典藝術畫廊截然不同；有的專注於畫廊簽約的藝術家經營和推廣，有的專注於二手市場的銷售。因此，了解自己最喜歡哪種藝術類別，是非常重要的，大家在畫廊的選擇上要有清楚認知，這樣對後續的藝術投資會有顯著的幫助！

尋找城市中的畫廊集中區

在全球各大城市中，畫廊都會聚集在某些區，方便大家參觀和欣賞。例如台北的畫廊早期都集中在東區，目前很多都轉移到內湖科學園區，因為內湖新建廠辦大樓空間挑高空曠舒適，非常適合作展覽；紐約的藝術區在布魯克林的布殊威克（Bushwick）和威廉斯堡（Williamburg），以及皇后區的長島市都是著名的藝術中心，還有曼哈頓的下東區。不過，布魯克林的綠點（Greenpoint）、貝德福德－斯泰弗森特（Bedford-Stuyvesant）和戈瓦納斯（Gowanus）也是藝術家和畫廊聚集之地；巴黎的當代藝術畫廊則集中在第 3 區的瑪黑區（Le Marais）和第 11 區的巴士底獄區（Bastille），許多重要畫廊都是經營超過半世紀以上。此外，每個城市的畫廊協會[2] 也都會發行畫廊展覽地圖指南，在很多畫廊都能找到免費手冊《畫廊指南》（Gallery Guide），列出各家畫廊當期的展覽資訊和地圖。

參觀畫廊可以做的事

參觀畫廊是一種藝術宴饗，花時間與作品對話，更是一個充滿知識性，並且具有樂趣的活動。如果你想要開始參觀畫廊的行動，第一步可以先上想參觀的畫廊網站，初步了解當前正在展覽的藝術家介紹和作品照片，並閱讀畫廊的資歷，了解是否是值得參觀的重要畫廊。去到畫廊時，可以與畫廊經營者或導覽人員多多交談，甚至請他們導覽，幫助快速認識藝術家的創作特色。如果是參加展覽開幕，藝術家在現場的話，也可以花一點時間與藝術家討論，並分享自己所看到的感想。

---

[2] 台灣也於 1992 年成立「中華民國畫廊協會」。

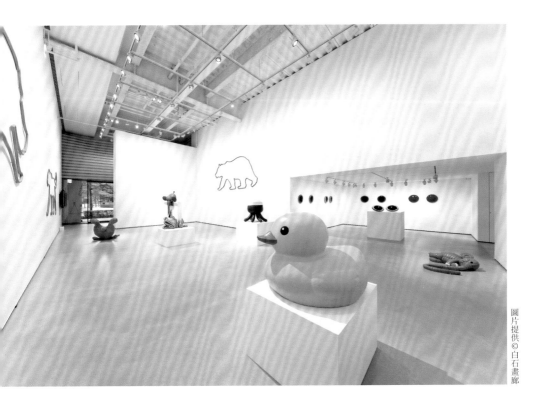

台北市內湖區的畫廊地帶

近年來，台北內湖也聚集越來越多家重要畫廊，周末有空就可以挑幾家逛逛，跟家人來一趟知性之旅。

此外，每個展覽都會有展覽論述和說明，以及詳細的藝術家介紹，這些為參觀者提供藝術家的創作理念和技法說明，並引導我們更容易地去感受作品所要表達的意義。如果展覽允許拍攝，請務必拍下自己喜歡作品與作品說明牌，這樣的紀錄有助於登錄作品名稱和藝術家姓名，建立值得觀察和關注的藝術家名單；如果畫廊不允許在展覽中拍照，那麼放慢速度，讓自己花時間細細欣賞和品味喜歡的作品，記錄最喜愛的作品，會更加難忘和有意義。看完展覽之後，如果喜歡這個展覽或是藝術家的作品，還可以上網研究更多訊息。

由於許多畫廊都集中在一個區域，都是步行可及的，畫廊之間也有默契，很多時候展覽都會安排在星期六同一天下午開幕，因此，可以安排一個輕鬆休閒的美好周末午后，一家家有系統地參觀藝廊，體驗藝術的視覺享受和衝擊，同時，也是最快找到自己喜歡的藝術家和風格的方法。

> 此外，建立一份值得參觀和信任的畫廊清單，
> 也是非常重要的。

你要清楚了解，哪些畫廊能夠幫你找到適合你個人喜好的需求，同時又能符合你的收藏購買預算，這份畫廊名單也將取決於你在藝術投資上的目標，也會在購買價格上產生很大的影響。

圖片提供©王玉齡

享受逛畫廊

我在巴黎居住的 10 年內，每個周末都去逛畫廊，挑幾家有新展覽開幕的，不花什麼錢，卻能認識當代藝術最新的趨勢和認識許多藝術家，真的是莫大的生活享受和樂趣。

3.3　去藝博會增長見識

如果你是一位剛進入藝術投資的新手，藝術博覽會將會是一個相當好玩的地方，不論你原先對於藝術的專業知識水平到達哪個階段，所有的人都能在博覽會中，看到自己喜歡的藝術風格，並找到適合自己品味的藝術作品。

> 因為在藝術博覽會當中，可以大量瀏覽、與其他藝術愛好者交流，詢問專家問題，看到喜歡的藝術品，還可以馬上比價與評估。

除此之外，你甚至有機會欣賞到，從未曝光的美術館等級大師重要作品，令人大開眼界，當然這類作品的價格也是令人大開眼界的，我們買不起就純欣賞。

在前面的章節中，我已經一再跟大家說明，有關藝術品收藏和投資原則，接下來就要帶著大家，實地去講解如何買作品、去哪裡買作品？以 2022 年 5 月底舉行台北當代藝術博覽會（Taipei Dangdai）、以及 10 月舉辦的台北國際藝術博覽會（ART TAIPEI）為例，就是大家練功夫和顯身手的好地方，因為在國際藝博會中，一次集中了一、兩百家專業畫廊，展出幾千位藝術家、幾萬件藝術品，彷彿進入當代藝術魔鬼特訓營，令人眼界大開，可以讓大家練出好眼力和增長新見識，只是要大家勤練體力，用腳逛出來、用心看出來，才能買到好作品。

以第 29 屆台北國際藝術博覽會（2022 ART TAIPEI）來說，5 天的展期，吸引海內外專業藝術策展人、美術館館長、國際展會負責人、頂級藝術藏家等貴賓。由於藝術博覽會就是為了藝術品的交易，所有參展的畫廊都會傾囊而出，展出最優秀的藝術家和最好的作品。主辦單位要顧及當代藝術潮流的發展，並提供收藏家們對各個畫廊和藝術家的認識，會規畫各種類型的新藝術單元展區，安排不同內容的藝術導覽和收藏論壇。因此，大家可以把握機會，參加這類免費

的導覽或論壇活動，有系統地去了解各個畫廊所代理的藝術家和他們的創作理念，同時，也能直接了解這些藝術家的創作特色和他們作品的市場價格，可以說在短短的時間內，就能夠獲得所有一手的藝術資訊和行情。

圖片提供© ART TAIPEI

規模越來越大的台北藝博會

台北藝博會越來越多國際畫廊的參加展出，主要是台灣有很厲害的資深收藏家和藝術投資客，懂看也懂買藝術品。

從藝術博覽會看見藝術市場的活絡

藝術博覽會真的是一個非常好的藝術收藏和投資的入門管道，例如 2021 年台北藝博會參展畫廊表示當年的買家中，就有近四成的新藏家出現，而且在展覽期間部分首購的買家看中作品後迅速下手。因此，2021 年的藝博會作品成交量非常高，在展覽頭幾日即有大宗交易，展覽期間則有多家畫廊傳出完售、破千萬的佳績，證明了台灣的藝術藏家的購買實力，由此也可以看到藝術市場的活絡。

學習、詢問和鑑賞，還能撿便宜

近幾年，全世界的藝術博覽會如雨後春筍般舉辦，其中有非常多具有國際市場影響力和交易量，例如離台北最近的香港巴塞爾藝術博覽會（Art Basel），每年三月中在香港會議展覽中心舉行，是亞洲及其他地區頂尖藝廊展示其代理藝術家的最佳舞台，很值得大家去參觀和朝聖。入門者一定要勤跑腿，看越多越好，因為要買得聰明，一半源於對市場情況和行情的深度了解，而藝術博覽會則是能讓你在最短的時間內，看到最多畫廊和經紀商。

一般來說，去畫廊看展時，可能見不到畫廊老闆，不過，在藝博會上他們通常都會坐鎮，你可以跟他們直接攀談，這就是學習、詢問和鑑賞的黃金機會。此外，參加大型國際博覽會的租金和花費非常高，參展畫廊一定會針對國際富豪收藏家，展出非常昂貴的藝術品，才能回本並有賺頭。不過，任何一個藝博會的最後一天，那些還沒有找到買主的藝術品價格都可能會降價，正是我們撿便宜的時候。

疫情下仍如期舉辦的香港巴賽爾博覽會

2021 年，亞洲正值疫情高峰期，而且各國執行嚴格的防疫措施，香港巴賽爾博覽會還是照常舉行，從各地來參展和參觀者都要進行隔離和檢測之後，才能進入會場。不過，還是很多從業者和收藏家到場參觀。而圖中是 2019 年的香港巴塞爾現場。

全世界最重要的藝博會——巴塞爾藝術博覽會

接著下來，要介紹全世界最重要的藝博會，

> 那就是每年在瑞士巴塞爾市舉行的巴塞爾藝術博覽會（Art Basel），它絕對藝術界的 must-know，是全球交易量最大的藝博會，是自詡為藝術愛好者，一生一定要去朝聖一次的國際最頂尖的藝術博覽會。

不但會令人大開眼界，還會提升藝術收藏的眼力和投資的功力。它是由第一章提到的瑞銀集團贊助，每年來自 30 多個國家、超過 270 家國際知名藝廊參展，展品橫跨 20 世紀初的現代藝術到當代藝術，展出 4 千多位國際藝術大師及新銳藝術家的作品。歐美重要藝廊佔大多數，近年亞洲畫廊參展數量也大增。

展會期間每天舉辦多項藝術活動，同時間巴塞爾市的重要博物館、美術館和著名文化機構也會配合，舉辦重要藝術展覽，並開放至深夜，為大家帶來一整週多采多姿的藝術體驗。巴塞爾藝博會主要會場共有兩層樓，一樓為國際級大畫廊，展出作品多為動輒百萬美元起跳的名家經典作品；二樓則為資淺畫廊，多數以年輕的前衛藝術家為主，價格則在十萬美元上下；旁邊的 Unlimited 展區則是由畫廊挑選出尺幅媒材不限的實驗性作品，是發掘藝壇新秀的地方。

地處多國交界的最重要藝博會

巴塞爾藝術博覽會是全球最重要的藝博會，有趣的是瑞士巴賽爾這個城市與法國、德國和義大利交界，因此，許多歐洲各國重要收藏家開車半小時就可以來參觀採購。

拓展多國市場的巴塞爾

巴塞爾是考驗藏家眼光與口袋深度的藝博會，在這裡經常可以看到曾經在某個國際美術館大展中展出的經典之作，例如藝術史上的大師名家塞尚、莫內或畢卡索等博物館級的畫作，竟然都能在這裡看到買到。只要口袋夠深，再貴的藝術大師都能重金捧回家，如果有藝術眼光，也能把聲名鵲起的藝壇新星輕鬆帶回家。巴塞爾藝博會每年4天的展期，吸引來自全球高達5萬多的藝術專業人士、熱愛藝術的收藏家和民眾參與盛會。

圖片提供©王玉齡

1970 年從瑞士巴賽爾市開始，至今已經成為國際最頂尖的藝博會；2002 年看準美國市場，選在最多有錢人居住的城市，舉辦邁阿密巴塞爾藝博會，年年創下交易佳績；2013 年嗅到亞洲市場的興起，再舉辦香港巴塞爾藝博會，從此將香港打造成亞洲的國際藝術交易中心。在這種最頂尖的國際藝博會中，可以清楚觀察到每家畫廊都有各自經營的藝術方向和類型，有的專精現代美術史，有的專注於當代藝術，他們的經營策略、展位配置和展品風格都非常鮮明且一致，因此，也成為訓練收藏眼力和投資功力的絕佳練功機會。

圖片提供 © 王玉齡

迎合區域特性挑選展品

巴塞爾藝博會向外拓展業務時，會迎合當地收藏家的品味與喜好風格挑選展品，而香港巴塞爾上，亞洲藝術家作品比瑞士、邁阿密等都來得更多。

不容錯過的國際藝術博覽會

這類型的國際藝術博覽會非常多，目前全球各大城市就有超過 260 場以交易爲基礎的藝術商展活動，已經成爲一種國際現象，但只有少數具有國際重要地位和影響力。除了剛剛上面有提到的巴賽爾藝博會，我再列舉 8 個具國際規模的藝術博覽會，供大家參考，有機會也可以就近造訪：

- **巴黎藝術博覽會**（Foire internationale d'art contemporain，簡稱 FIAC）每年在巴黎地標性的大小皇宮舉辦。來自世界各地重要畫廊，展示現代和當代藝術與設計。與大多數藝博會不同的是展覽地點的歷史建物，由於小皇宮是爲 1900 年世界博覽會而建造的，它提供了在博物館和歷史背景中展示藝術的獨特環境。除了其卓越的展覽空間，FIAC 還提供一系列活動節目，包括表演、電影和論壇對話。

- **弗里茲藝術博覽會**（Frieze London）自 2003 年在倫敦開始舉辦，2014 年在紐約催生兩個博覽會，Frieze New York 展示新銳藝術家到知名藝術家，而 Frieze Masters 則展示古典經典大師作品，2019 年再擴及到 Frieze Los Angeles，展示來自世界各地的 70 家當代藝術畫廊。

- **杜拜藝術博覽會**（Art Dubai）被稱爲最具全球多樣性的藝術博覽會，自 2007 年以來一直是亞洲領先的藝術博覽會之一，除了有來自世界各地重要畫廊參展之外，還有介紹中東和北非藝術家作品，因此備受讚譽。

- **邁阿密 SCOPE 藝術展**（SCOPE）則以尋找和預測「視覺新趨勢」爲重點，展示新銳藝術家和新畫廊爲主，展出內容從傳統美術到科技數位作品。最初在紐約舉辦，目前每年還會在邁阿密和巴塞爾以衛星博覽會的形式出現。

- **歐洲藝術博覽會**（The European Fine Art Fair, 簡稱 TEFAF）自 1988 年以來，每年在荷蘭馬斯特里赫特（Maastricht）展出藝術、古董和設計作品。每年來自 20 個國家／地區的 260 家畫廊都會在 TEFAF 參展，是國際上重量級的綜

合性老牌藝博會。除了在荷蘭舉辦的活動外，TEFAF 也延伸到紐約，每年舉辦春秋兩次，TEFAF New York Spring 以現代和當代藝術與設計為主題，而 TEFAF New York Fall 則以從古代到 1920 年的精美裝飾藝術為特色。憑藉這種百科全書式的藝術品展售會，TEFAF 旨在吸引不拘一格的觀眾。

- **軍械庫展秀**（Armory Show）則是另外一個重量級的綜合性藝博會，自 1994 年以來在紐約舉辦，吸引國際重要的藝術、骨董和設計畫廊參展。軍械庫展還旨在支持新銳藝術家，在博覽會期間的許多小型衛星展覽會上都受到支持和關注。

- **ART TAIPEI 台北國際藝術博覽會**是亞洲歷史最悠久的藝博會，由「社團法人中華民國畫廊協會」主辦，每年在 10 月舉行。2022 年已邁入第 29 屆，最大亮點在於集結了超過 130 間畫廊的精彩展出，及多項嶄新的公共藝術及特區計畫，為國內外收藏家、台灣民眾帶來視覺藝術饗宴。由台北國際藝術博覽會帶動的藝術鑑賞及購藏之熱潮，每年皆以全新視角詮釋當代市場樣貌。此外，博覽會也有 MIT 特區，每年由文化部徵選 8 位年輕優秀藝術家，透過畫廊協會媒合商業畫廊於現場獨家展出，也是大家發掘新銳藝術家的專區。

- **台北當代藝術博覽會**（Taipei Dangdai）於 2019 年在南港展覽館舉辦第一屆，即備受亞洲藝術市場關注，吸引國際大畫廊參與展出。主要贊助者瑞銀集團和主辦總監任天晉表示，台北當代是一個非常具台灣色彩的藝博會，主要就是看準了亞洲首屈一指的台灣資深收藏家和活躍藝術家。瑞銀集團台灣區總經理陳允懋也說，過去 10 年間，台灣藝術收藏家不斷增加，這樣的增長與當地高品質的藝術鑑賞風氣相得益彰，因此，是以「瑞銀集團」而非「瑞銀集團台灣區」高度參與。

圖片提供 © 王玉齡

巴黎藝術博覽會的轉變
巴黎藝術博覽會每年在巴黎有著宏偉壯觀玻璃穹頂著稱的大皇宮（Grand Palais）舉辦，不過 2022 年時，其管理機構宣布，藝術展將改由瑞士的巴塞爾藝術展接手，且雙方已經簽下為期七年的合作協議，要舉辦全新的現當代藝術展。

不一樣的策展形式——飯店博覽會

上述這些國際藝術博覽會，除了台北的以外，買家通常也都是國際級的富豪收藏家，才能夠在這種等級的藝博會買得起展示的藝術品，對於初入門者來說，參觀這類藝博畫，多是劉姥姥進大觀園，大開眼界，訓練眼力的作用和功能居多。如果要小試牛刀的話，可以參觀台灣近年非常流行的飯店型藝博會，一年北中南部大約會舉辦 6 ～ 10 場。

所謂飯店博覽會，簡稱飯博，是主辦單位包下五星級飯店的幾個樓層，再分租一房一畫廊（或藝術家），帶作品佈置展示在房間內。有的畫廊會把床移走，或加入燈光、道具、飲品，改變房內氛圍；但多數是保有原來傢具，彰顯飯店場域特性。作品除了掛牆上，還放床上、吧檯、浴缸、洗手台等奇妙空間。每一家藝廊會展出自家代理的經典與入門藝術作品，你可以一間一間欣賞，多達80 ～ 100 間藝廊的展出，作品價位都相當親民，非常容易入手，不管是藝術投資的老手或是新生，都能夠找到適合的藝術品。

適合年輕藏家的飯店博覽會

台北這幾年非常流行飯店博覽會，北中南各大五星級飯店都會配合舉辦，這類藝博會舉辦成本低，對許多小畫廊來說，是非常容易經營，同時也可以吸引年輕的收藏族群，而且作品形式也非常多元，包含錄像、插畫、卡漫和動漫等。

新鮮、親近的欣賞藝術體驗

飯店藝博會因為是在飯店的客房內展出，因此作品擺設的方式也相當有創意，有時放在床上，有的在淋浴間，或是衣櫃裡，一間間房間參觀時，非常有趣。

轉戰線上的藝術博覽會

近兩年因應全球疫情的影響，很多城市的藝博會暫停舉辦，卽傾力推動全新數位藝術交易平台，為參展藝廊提供平台，向全球客戶、新藏家及買家們展示作品。例如巴塞爾線上展廳（Art Basel Online Viewing），首屆以原於 2021 年 3 月參展巴塞爾香港博覽會的參展畫廊為主，展出原本要在香港展出的作品，而且只開放 3 月 20 至 25 日，便關閉的線上平台，如此嶄新的作法，引起大家高度議論和關注。該次巴塞爾線上展廳的創舉是首次讓全世界同時觀看，讓作品價格透明化，讓藏家和買家們可以馬上比較出畫廊與畫廊銷售作品的差價，若了解價格後有興趣，卽可進一步詢問畫廊更多。若價格不符合預想和預算，買家也可前往其他畫廊頁面，節省相當多的時間。

由於網路的易達性與不排他性，最大的效益是可以吸引到許多新世代藏家，過去因種種原因，無法親臨藝術博覽會者，都能藉由網路，透過最舒適和自由的方式了解藝術市場，銷售狀態也會隨著作品被預訂或已售出，而及時更新，觀眾無論身處何地，都能透過上線，瞭解更多作品銷售細節，這也成為後疫情時代藝術產業發展的重要趨勢。

國際藝術博覽會舉辦月份

國際藝術博覽會多訂在每年固定的月份，一般都是 4 到 5 天，會選在該月份固定的一個周末，以下將 2022 年全球重要的藝博會列表給大家參考，不妨以此為參考，留意來年同個時期的藝博會確切展期，找機會去參觀朝聖一下。

名稱	所在地	預展	展期
FOG Design + Art	美國舊金山	1 月 19 日	1 月 20 至 22 日
Zona Maco	墨西哥墨西哥城	2 月 9 日	2 月 10 至 13 日
Frieze Los Angeles	美國洛杉磯	2 月 17 至 19 日	2 月 19 至 20 日
ARCO	西班牙馬德里	2 月 23 至 25 日	2 月 25 至 27 日
1-54	摩洛哥 Marrakech	3 月 2 日	3 月 3 至 6 日
Outsider Art Fair	美國紐約	3 月 3 日	3 月 4 至 6 日
Art Dubai	杜拜	3 月 9 至 10 日	3 月 11 至 13 日
TEFAF	荷蘭馬斯特里赫特	3 月 12 日	3 月 13 至 20 日
Art Basel Hong Kong	香港	3 月 22 日	3 月 22 至 27 日
SP-Arte	巴西聖保羅	4 月 6 日	4 月 7 至 10 日
Expo Chicago	美國芝加哥	4 月 7 日	4 月 8 至 10 日
New York Art Week	美國紐約	5 月 5 日	5 月 6 至 8 日
TEFAF New York Spring	美國紐約	5 月 5 日	5 月 6 至 10 日
NADA	美國紐約	5 月 5 日	5 月 5 至 8 日
Future Fair	美國紐約	5 月 4 日	5 月 5 至 7 日
Frieze New York	美國紐約	5 月 18 日	5 月 19 至 22 日

名稱	所在地	預展	展期
Taipei Dangdai 台北當代藝術博覽會	台灣台北	5 月 19 日	5 月 20 至 22 日
Art Basel in Switzerland	瑞士	6 月 14 至 15 日	6 月 16 至 19 日
Art Expo Beijing	中國北京	9 月 1 日	9 月 1 至 4 日
Frieze Seoul and KIAF	韓國首爾	9 月 2 日	9 月 2 至 5 日
Armory Show	美國紐約	9 月 8 日	9 月 9 至 11 日
Frieze London and Frieze Masters	英國倫敦	10 月 12 日	10 月 12 至 16 日
ART TAIPEI 台北國際藝術博覽會	台灣台北	10 月 19 日	10 月 20 至 24 日
FIAC and Paris+, par Art Basel	法國巴黎	10 月 19 日	10 月 20 至 23 日
Artissima	義大利	11 月 3 日	11 月 4 至 6 日
ART021 上海廿一 當代藝術博覽會	中國上海	11 月 11 日	11 月 12 至 14 日
Art Cologne	德國科隆	11 月 15 日	11 月 16 至 20 日
Art Basel Miami Beach	美國邁阿密	12 月 1 日	12 月 1 至 3 日

註：舉辦日期請依主辦單位實際公布爲準。

3.4　　　　　從拍賣會看懂價格

你參加過拍賣會嗎？那是一個充滿興奮和緊張氣氛的地方，特別是當有兩個或更多的競標者想要擁有同一件作品的時候，會場內一來一往競價的緊繃氛圍令人屏息，一切都在短短幾分鐘內，價格可能已經高出原估價的十倍，甚至百倍。如果你想要標得的作品是你真心喜歡，那麼出高價格是合理的，因為只要喜歡又出得起的話，有什麼不可以任性呢？不過，如果你是收藏投資者的話，請記得要保持冷靜，務必先衡量價格、價值與條件之後，給自己設定一個最合理的拍賣底價，才不會衝過頭，之後又懊悔。專業的藝術投資者會摒除自己的主觀情緒，冷眼旁觀，靜觀其變，並且保持商業風度。

關於拍賣會，除了我們常聽到的國際三大拍賣行蘇富比（Sotheby's）、佳士得（Christie's）及富藝斯[3]（Phillips）之外，各大城市還有許多小型的當地拍賣公司，這些小型拍賣行經常以低廉的價格，出售相當優質的藝術作品，是大家可以挖寶和撿便宜的好去處。不過，大家要先練好眼力，才能慧眼識英雄，只要請出 Google 大神，再打上關鍵字「藝術拍賣」或是英文「Art Auction」，就會有全球各類型的拍賣公司網站任君挑選，大家可以上網瀏覽自己喜歡的藝術類型、或是風格或是藝術家。

---

[3] 富藝斯（Phillips）是一家英國拍賣行，1796 年由哈里・菲利普斯於倫敦創立，目前在倫敦和紐約均設有總部辦公室，日內瓦及香港均設有拍賣中心，公司拍賣門類主要囊括藝術、設計、珠寶和鐘錶。

無比刺激的拍賣會現場

國際拍賣公司每年舉辦非常多場的重要拍賣,從藝術、骨董、鐘錶、珠寶、設計傢具、時尚精品、酒茶等,拍賣品項應有盡有。

只是要注意喔！當你在拍賣會上標得藝術品時，拍賣官落錘價格並不是支付的總金額，真正要付費金額會比最終出價金額多出 10%～30％，這要付給拍賣公司的買家酬金，其比例會因藝術品類別或是成交價的高低而異，當然如果你是拍賣公司的大客戶，買家酬金也是可以討價還價的，而且有時每年都會調整不同成數。對於有心踏入藝術投資的買家而言，每年兩次的春季和秋季國際藝術拍賣會，是一定要躬逢盛會、親自參與的，因為這些大拍賣會就是藝術投資和收藏的風向球和市場指標。同時，也可以親眼目睹那些大家競價搶標，最後高價落槌成交的超人氣作品，感受熱血沸騰的拍賣緊張氣氛。

屢屢改寫的世界拍賣紀錄

2020 年的國際拍賣市場相當熱絡，以秋季拍賣會來說，香港佳士得 2020 年秋季拍賣圓滿收槌，成交總額 26.3 億港元（約台幣 102 億台幣）；而香港蘇富比的 2020 年春季拍賣總成交額達 37.8 億港元（約台幣 155 億台幣），為歷來第二高成交金額。再綜合台灣和中國的一些大大小小拍賣公司的成績，可以觀察到整個藝術投資市場的走向，非常值得大家參考的分析數據。此外，2020 年也有許多重要作品屢創拍賣新紀錄，例如華人藝術家常玉的曠世鉅作《五裸女》，以 3 億 400 萬港元（約台幣 14 億元）成交，刷新該年度亞洲藝術品拍賣紀錄，亦大幅刷新藝術家不久前才剛剛創下的世界拍賣紀錄。至於國際拍賣市場也是如此，創作大膽的美國普普藝術家傑夫・昆斯（Jeff Koons）1986 年的不鏽鋼雕塑《兔子》（Rabbit），以 9,110 萬美元（約台幣 27.33 億元）總價落槌，再度刷新在世藝術家作品的拍賣新高價。先前紀錄為英國畫家大衛・霍克尼（David Hockney）1972 年油畫作品《泳池與兩個人像》（Pool with Two Figures）於前一年所創的 9,030 萬美元（約台幣 27.1 億元）成交價，這也表示未來亞洲藝術家也有打破這個紀錄的機會。

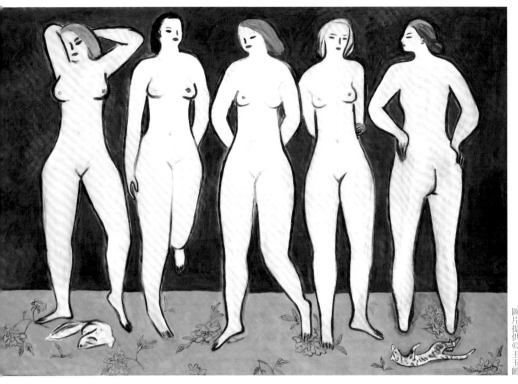

五裸女
常玉｜1950 年代

一年被拍賣數次，仍能創下好成績

常玉的作品是拍賣市場的寵兒和常勝軍，同一件作品每幾年就會被拿出來拍賣，並屢屢再創佳績，真的是最好的藝術投資。

疫情為拍賣市場帶來的改變

新型冠狀病毒爆發，對全球的影響力較 SARS 有過之而無不及，除了在全球造成重大災情，死亡人數攀升，同時，對全球經濟和股市也造成重挫和崩盤，至於對國際博物館、美術館和藝術市場的衝擊，也是非常驚人。此外，對於藝術收藏和投資者來說，原本每年 3 到 4 月正是到處跑攤、趕場國際拍賣會和重要藝博會的時候，以便了解國際藝術市場趨勢和交易動向。然而，疫情爆發的第一年，佳士得和富藝斯關閉美國和歐洲所有地區的拍賣營業地點，暫停所有 3 和 4 月的拍賣會；蘇富比也對外宣布「每個活動日期前 30 天對外公布該活動的應變方式」，並推延巴黎、米蘭等地所有拍賣。至於全球各地的藝術、骨董博覽會當然也因應疫情，紛紛取消。

不過，危機就是轉機，為了挽救目前的頹勢，各家爭相採用網路線上平台，提供藝術愛好者、消費者和投資者能夠遠距離跟藝術接觸和購買。2021 年，國際三大拍賣行蘇富比、佳士得及富藝斯銷售額合計超過 150 億美元（約台幣 4,500 億元），創下新高，主要原因是新冠疫情下，國際富豪階級財富激增，加上許多居家工作的高收入年輕買家湧入市場，他們有錢而且居家工作，突然有閒可以上網，在線上購買藝術品，因而帶動從非同質化代幣（NFT）[4] 到精品等所有高價收藏品的需求火熱。

2021 年佳士得拍賣藝術品的落槌金額售攀抵 71 億美元（約台幣 2,130 億元），為五年來最多；蘇富比銷售額達 73 億美元（約台幣 2,190 億元），為創立 277 年來的新高；富藝斯銷售額則增至 12 億美元（約台幣 360 億元），也締造新猷。

---

[4] 非同質化代幣（Non-Fungible Token，簡稱 NFT），是一種眾籌扶持專案方的方式，也是一種被稱為區塊鏈數位帳本上的資料單位，每個代幣可以代表一個獨特的數位資料，作為虛擬商品所有權的電子認證或憑證。由於其不能互換的特性，非同質化代幣可以代表數位資產，如畫作、藝術品、聲音、影片、遊戲中的專案或其他形式的創意作品。雖然作品本身是可以無限複製的，但這些代表它們的代幣在其底層區塊鏈上能被完整追蹤，故能為買家提供所有權證明。

圖片提供 © As Studio

NFT 的無窮面貌

大家以爲 NFT 的藝術就是一些簡單的圖像、符碼，事實上有些 NFT 藝術家的作品是動態影片，非常細緻。

三大拍賣行 2021 年業績創紀錄，凸顯各國的財政刺激措施和央行寬鬆政策，帶動資產價格飆漲及消費者需求反彈，幫助全球富人在疫情期間加速累積財富。加密貨幣和線上股票交易熱潮，也催生年輕新貴收藏家。初次進場的新世代買家，成爲 2022 年拍賣銷售成長的關鍵推力。蘇富比 2022 年約 44% 的競標者首度參與拍賣，富藝斯有半數買家首次進場。佳士得也有 35% 的買家爲新手，其中約三分之二的拍品透過線上賣給這些新貴。這批新面孔約三分之一屬千禧世代。佳士得 2021 年 3 月跨足 NFT 市場後，至 2022 年 NFT 銷售額逼近 1.5 億美元（約台幣 45 億元）；蘇富比 2021 年推出 NFT 平台「蘇富比元宇宙」後，全年 NFT 銷售額達 1 億美元（約台幣 30 億元）。

研究年度報告，解讀未來趨勢

當然，大家在看到這些令人瞠目結舌的藝術品成交天文數字，只能當作茶餘飯後的社交話題。

> 對於關心藝術市場的收藏家，更應該閱讀國際藝術市場研究機構
> 所出版的年度研究報告。

例如 Artprice 2019 年上半年藝術市場報告指出了兩個重點：1. 當代藝術品需求上升，價格指數攀升了 40％；2. 直指導致價格攀升的原因在於市場供應收緊，但需求在急劇上升，研究報告還特別註明「當代藝術」指 1945 年以後出生的藝術家作品。

> 關注藝術拍賣會的交易成果，再加上解讀藝術市場年度報告，非
> 常有助於取得藝術收藏與投資的第一手資訊，不但打開藝術收藏
> 的眼界，也增加藝術投資的信心。

有很多人的工作是幫助購買藝術品，不管你只是想買幾件藝術品作居家或辦公空間裝潢，還是打算認真開始收藏，都可以通過網上藝術顧問列表尋找。不過，更好的做法是向買過藝術品的熟人打聽他們的顧問，或者在關於收藏家或藝術市場的新聞報導中尋找合適的人選。此外，提前做好功課，研究拍賣目錄，特別是了解每件作品的估價和每位藝術家的市場行情，同時，親自參加拍賣預展，以便近距離觀欣賞拍賣作品，更重要的是設定購買預算，千萬不要動搖。

3.5　雙年展找明日之星

如何掌握先機，發掘藝術收藏最新趨勢？國際雙年展[5]是藝術收藏上可以密切關注的指標之一。藝術收藏的類型及目的十分多元，包括學術、市場、投資、資產配置、居家裝飾或是純粹個人興趣。然而，回到收藏的本意，大家都希望收藏優質藝術家的代表作品，當然每個人觀點不同，不過，我們可以從觀察國際大展中藝術家受邀和展出作品，去了解藝術家的創作和重要代表作，一步步地認識及觀察。

衆所矚目和鎂光燈下的國際雙年展，從 90 年代開始蓬勃發展，至今全球各地已超過 200 個，其中最富盛名且歷史悠久的即爲義大利的威尼斯雙年展（La Biennale di Venezia）；在亞洲有台北雙年展、韓國光州雙年展、日本橫濱三年展、澳洲亞太三年展等皆爲國際上重要的雙年展。其中，具有百年歷史的威尼斯雙年展被稱爲是國際雙年展之母，始於 1895 年，以國家館和大會館邀請國際藝術家參展方式，展現各國當代藝術和國際重要藝術家的作品，立下一個國際級雙年展的規模和典範，每年吸引的參觀人潮超過 50 萬訪客。

圖片提供© 王玉齡

認識新銳藝術家的最好機會
威尼斯雙年展是藝術雙年展之始祖，也建立日後各國雙年展的基本模式和架構，亦是國際藝文圈每兩年必參訪的盛事，對收藏家來說，也是認識新銳藝術家的最好機會。

---

[5] 雙年展（biennale）泛指兩年一期的重要藝術展覽。

重要的國際雙年展

當今各國爭相舉辦藝術雙年展，不但可以提升舉辦國的國際知名度，更展現該城市是一個具有當代議題與文化的國際城市。世界第二悠久的聖保羅雙年展、世界第三的雪梨雙年展、柏林雙年展、赫爾辛基雙年展、光州雙年展、上海雙年展與台北雙年展等，當年都是以舉行藝術雙年展來帶動城市行銷。台灣也於1998年開始，由台北市立美術館主辦台北雙年展，邀請國際知名策展人和藝術家，與台灣策展人和藝術家合作，提高台灣當代藝術的國際能見度。

關注國際藝術雙年展，主要是可以讓大家看到知名藝術家的新作發表，更重要的是發掘新銳藝術家。在雙年展中鎖定幾位明日之星，之後，就可以去該年度的國際藝術博覽會中，購買這些具有投資潛力的年輕藝術家作品。最有名的雙年展與藝博會的學術與市場組合，就是威尼斯雙年展開幕後，緊接著隔天就是瑞士巴塞爾博覽會開幕。很多的國際大藏家們就是去先參觀完威尼斯雙年展，之後，就飛去巴塞爾藝博會下單訂作品。

下面要介紹幾個國際重要的雙年展，大家未來有機會一定要親自去參觀，體驗藝術宴饗之旅，找到幾位明日之星，納入收藏投資的藝術家清單中。

1. **威尼斯雙年展**是擁有上百年歷史的藝術節，也是歐洲最重要的藝術活動之一。與巴西聖保羅雙年展、德國卡塞爾文獻展並稱為世界三大藝術展，被喻為藝術界的嘉年華盛會。威尼斯雙年展一般分為國家館與主題館兩部分，主要展覽的是當代藝術。

2. **聖保羅雙年展**（Sao Paulo Art Biennale）於1951年由義大利實業家馬塔拉佐（Francisco Ciccillo Matarazzo Sobrinho）所創立，自1957年第四屆開始，聖保羅雙年展便固定在由巴西著名建築師尼邁耶（Oscar Niemeyer）設計的雙年展館舉行，以國家館、國際展和巴西藝術作為雙年展內容。聖保羅雙年展自成立以來，一直是巴西最重要的藝術活動，是拉丁美洲唯一具有國際聲望的藝術展覽。

3. **卡塞爾文獻展**（Kassel Documenta）誕生於 1955 年，在德國卡塞爾每 5 年舉辦一次，開展時間多爲六月，至 2022 年已經成功推出了 15 屆，各類展覽作品和相關的藝術活動散佈於城市的各個角落，以回顧、文件及改造形式呈現當代藝術，目前每一屆參觀人數都超過百萬人次。

4. **伊斯坦堡雙年展**（Istanbul Biennale）由私人的伊斯坦堡文化藝術基金會（於 1970 年代末期創立） 籌辦，經年以來舉辦各種音樂、戲劇及視覺藝術活動，期望讓土耳其藝術與世界接軌。伊斯坦堡雙年展至今完全屬於民間私人企業經營，不接受土耳其政府支持，不以威尼斯雙年展爲依據，堅持獨立於國家與經濟控制、純粹藝術爲主的雙年展。從展覽概念到經費的籌措，都由策展人與藝術家共同尋求經濟支援，策展人與藝術家擁有絕對的自主權，是構成雙年展成功的最主要原因，也使得伊斯坦堡雙年展迅速獲得國際肯定與認可。

圖片提供© 王玉齡

擁有絕對自主權的伊斯坦堡雙年展
伊斯坦堡雙年展也是散落在城市中各種不同建築物和空間，展覽和作品皆具前衛性和批判性，而且伊斯坦堡是一個悠久歷史文化的古城，非常值得探訪。

5. 里昂雙年展（Biennale de Lyon）始於 1991 年，是法國政府開創巴黎以外的大型藝術展而設。里昂雙年展在里昂當代藝術博物館館長 Thierry Raspail 及 Thierry Prat 連續幾屆的規劃下，成功地成為歐洲最重要的當代藝術雙年展之一。Raspail 及 Prat 每屆邀請不同策展人合作，挑選展出藝術家。跟其他雙年展不同，里昂策展策略以藝術家的作品為主，重視作品之間的對話，而非以地域或國家為內容。

6. 光州雙年展（Gwangju Biennale）始於 1995 年，第一屆主題是《超越邊界》（Beyong the Borders），是對 1980 年發生的光州慘案的紀念。1980 年 5 月光州市民在一次針對軍政統治示威遊行中，與軍人發生衝突，導致上千手無寸鐵的市民死亡，這個事件被稱作《光州慘案》，不僅對韓國的藝術界有著重要的意義，同樣對整個韓國具有深遠的歷史意義和影響。

7. 上海雙年展（Shanghai Biennale）始於 1996 年，是中國在 1989 年天安門事件後首次舉辦當代藝術展，主辦單位期望以此為雙年展之開端，影響中國當代藝術的發展。如今，上海雙年展不僅成為中國最具國際影響力的藝術雙年展，更受到國際藝術界的廣泛肯定，被公認為亞洲最重要的國際雙年展之一。

8. 台北雙年展（Taipei Biennale）是台北市立美術館每兩年舉辦一次之大型國際藝術展覽，於 1998 年開始，第一屆由日籍策展人南條史生策畫，參展藝術家來自台灣、日本、韓國和中國等地。第二屆引入雙策展人制度，每屆展覽均由一位台灣籍與一位外籍策展人共同策畫，參展國家亦大幅增加。

9. 橫濱三年展（Yokohama Triennale）始於 2001 年，當鄰近亞洲國家一個接一個地舉行雙年展，一向位居亞洲領導地位的日本，無疑感到巨大的壓力，遂促成橫濱三年展的誕生。由日本國際交流基金會、橫濱市政府、NHK、《朝日新聞》、橫濱三年展籌劃委員會聯合主辦，橫濱三年展是日本至今最大規模的國際當代藝術三年展。

雙年展的意義及影響層面十分深遠，兼具學術與經濟效益，在學術層面上，被雙年展邀展的藝術家皆具有相當成熟度的藝術創作，會引起重要美術館關注，也有機會進入美術館收藏，因此，這些雙年展在藝術史定位上，有高度的指標性，可為私人收藏指明方向及趨勢。由於雙年展經常是各大媒體報導的焦點，讓參展藝術家作品有更高的知名度，其媒體效益也會延續到市場上，藝術家經由雙年展取得學術定位，進而獲得畫廊、拍賣市場的關注，再發酵至一手及二手市場。許多畫廊也是從國際雙年展中，去尋找合作代理的藝術家，他們看到藝術家為雙年展所打造的大型作品，也會要求藝術家創作同類型，但尺寸較小、較適合個人收藏的作品，讓喜歡這些藝術家的收藏者，無論是在家中客廳或商業空間，都能欣賞到美術館等級的作品。

讓台北登上國際藝術舞台

台北雙年展已經有 20 多年的歷史，也讓台北登上國際藝術舞台，使得台灣藝術家有更高的曝光度。

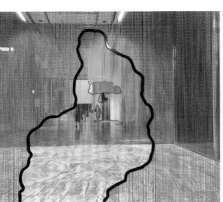

圖片提供◎王玉齡

3.6　　　　　　認識藝術其他管道

如果你想認識藝術家，想直接跟他們討論關於他們的藝術創作，增進自己對藝術創作過程和技法的了解，也是一種非常有趣，而且可以快速累積藝術專業知識的好方法。拜網路通訊之賜，我們可以很容易地從網站上，找到跟我們住同一城市的藝術家，你可以直接與藝術家聯繫認識，最大好處是可以全面性了解藝術創作過程，增進藝術專業度，更能夠透過對談，真實地感受不同藝術家的性格與理念。

把握登門拜訪的難得機會

如果你收藏投資的藝術家正好離家不遠，務必把握機會親自登門拜訪，大多數藝術家是熱情的，不過，請記得用開放的心態，與藝術家分享討論你的看法，並保持謙虛的態度與語氣。如果你在藝術家工作室看到喜歡的作品，可以跟藝術家詢價，雖然買到的作品不一定是最優惠的價格，但是絕對可以找到值得收藏的好作品。

另外，還有一些藝術家工作室聚集的藝術特區，每年都會定期舉辦工作室開放日活動。例如新北市板橋 435 藝文特區，每年都有舉辦一日限定「435 OPEN STUDIO 藝術聚落打開工作室」活動，駐村藝術家們開放平時未對外開放的工作空間，並打造成體驗式美術館，間間有藝術驚喜，包含美術、表演藝術、當代視覺藝術、立體雕塑、設計、音樂等多元類型藝術家，免費提供給大家參觀。其他像紐約的布殊威克工作室開放日活動（Bushwick Open Studios）在每年 6 月 5 日至 7 日舉辦，近年來規模也越來越大。

尋找機會參觀藝術家工作室

拜訪藝術家的工作室有時可以看到精彩的作品，也是可以隨時開口購買收藏。像圖中便是我去拜訪台灣藝術家林詮居的工作室一隅。

逛畢業展，從源頭認識藝術家

大家如果對了解藝術充滿興趣與好奇，那麼每年各大學藝術系所畢業生的畢業展，也是一個值得去訓練眼力和找千里馬的好地方，例如台北藝術大學、台灣藝術大學、台南藝術大學以及師大美術系等，還有其他有藝術系和造型所的院校，他們也都會在系所官網、或 FB 上公告畢業展的時間和地點；紐約的藝術類學院也會在期末推出藝術碩士學生的作品展，哥倫比亞大學（Columbia University）藝術系（School of the Arts）、視覺藝術學校（School of Visual Arts）、帕森斯藝術學校（Parsons Art School）、普拉特學院（Pratt Institute）和亨特學院（Hunter College）也都在網站上發佈學生作品展的信息，都是尋找便宜藝術品的樂園。學生作品展不太正式，沒有價目表，如果你覺得在展覽現場，當面和藝術家談價錢有點尷尬，那就拿張名片，之後再用 email 或社交軟體洽談。現在學生藝術家很多都有自己的網站，上面通常有作品圖片、個人簡介，以及藝術家對自己創作的闡釋。

無論是拜訪藝術家工作室，或是參觀藝術畢業生作品展，都是讓大家看到畫廊系統之外的作品，更深入到源頭認識藝術家和藝術創作的實際情況。當然如果你的眼力已經訓練到像星探一般，可以預見藝術家的才華，而且未來必定大紅大紫，那麼就可以便宜的價格開始收購收藏。不過，買藝術從來都不着急，只要先把眼光練好了，懂得欣賞藝術，就是開始踏上藝術收藏投資的第一步了。

圖片提供◎王玉齡

即將展露頭角的年輕世代

2022 年高雄師範大學美術系畢業展在台北松山文創園區展出，有非常多優秀的作品。

第四章　藝術收藏精進篇

藝術學習永無止境，因爲藝術無止境

人生就像騎腳踏車，爲了保持平衡，你必須一直騎下去。

Life is like riding a bicycle. To keep your balance, you must keep moving.

——愛因斯坦（Albert Einstein）

4.0　前言

前幾章告訴大家知道如何訓練眼力，培養藝術欣賞的眼光之後，接著要讓大家
瞭解藝術收藏既是一種藝術欣賞，又是一種資產投資，更是一種精神上的享受。
藝術收藏的興趣與愛好不僅提升自身文化修養，同時，也是對人類文化資產保
存盡一份心力，例如古代名家的書畫，因其當時代的收藏家的敬仰之情，將其
作品購買珍藏，傳給後代，我們才有機會欣賞幾百年前，甚至千年前的藝術作
品。此外，一些感人的故事或是值得紀念的歷史，也藉由藝術品或是文物，被
收藏保存下來。例如 2004 年倫敦蘇富比拍賣會上，畢卡索的重要代表作《手拿
煙斗的男孩》（法語：Garçon à la pipe）以 1.04 億美元（合台幣 31.2 億元）天
價成交，刷新當時現代名家拍賣的最高記錄，後來透過媒體報導，大家才知道
天價成交的幕後，這幅畫作被轉手收藏的經歷，竟然隱藏著一個跨世紀的偉大
愛情故事，有興趣的讀者可以上網去查閱（拜託，眞的要去查閱，因爲實在太
淒美感人了），這件作品的收藏史述說了一個大時代的悲劇和動人的愛情故事。

因此，本章節要談的就是提升藝術收藏的觀念、原則和方法，並以國際大收藏
家做爲學習典範，見賢思齊焉。

Garçon à la pipe
畢卡索 | 1905 年 | 布面油畫

1 億美元的名畫與背後的故事

這件畢卡索的曠世巨作，牽動了一個時代的歷史動盪和淒美愛情故事，我強烈建議讀者可以先請 Google 大神出動，拜讀這幅作品的歷程，保證感動，人間有情，天長地久。

4.1　強國經濟的強勢文化

很多想要入門的藝術收藏者在做了一些功課之後，總是會發現和面臨一個現實的問題和困境：已成名的歐美和亞洲現代重要藝術家，他們的作品價格已是天文數字，例如塞尚、莫內、梵谷、馬諦斯、畢卡索、米羅、蒙德里安、常玉、林風眠等，只可遠觀，不可褻玩焉；而知名的當代藝術家如歐美的帕洛克、羅斯科、安迪沃荷、巴斯奇亞，再到亞洲的草間彌生、村上隆、奈良美智、蔡國強、曾梵志等，其價格更是不遑多讓的驚人，讓大家想都別想，除非是有個超級富爸爸，或是自己就是超級富豪。常常聽到很多人都會扼腕地說：「如果早知道，在這些藝術家剛出道時，就買入他們的作品，到現在最少都從萬倍的投報率起跳。」然而千金難買早知道，只能從當下做起，既然已成名藝術家價格過高，買不起，那就先從年輕藝術家下手好了，只要買對藝術家，來日的豐收也是指日可待。

尋找明日之星的五點依據

那麼要如何選擇年輕藝術家買進作品呢？說到這裡，大家又有相同感受和疑惑，那就是既期待又怕受傷害，期待找到藝術史上的明日之星，又怕選錯人而讓自己的荷包受傷害。所以要如何才能選對藝術家呢？當然，要選擇知名度不高，市場也還未認可的藝術家，確實很令人猶疑和燒腦。因此，我要在這個章節，提供幾項判斷和挑選原則，來評估年輕藝術家是否有未來性和發展性，讓大家能夠作為尋找明日之星的依據。

1. **首先強國經濟就具備了強勢文化的優勢：**國力強盛與資本實力會讓收藏家有信賴感和期待感，而年輕藝術家未來發展取決於市場夠大、夠國際化，因此選擇年輕藝術家，首要評估考量其國籍與其國家的經濟發展力。例如歐美日國家已邁入成熟和衰退期經濟，當代藝術穩定發展中，屬於可以長期買進和

圖片提供 © 王玉齡

尋找自己的「奈良美智」

如果可以，誰不想趁早買日後升值空間極大的奈良美智呢？但錯過的就錯過了，現在入門，還是要實際一點：從年輕藝術家入手。

長線投資；而亞洲正處於發展和成長期階段，依現況分析中國、印度、印尼和台灣的藝術家最具爆發力和潛力。為什麼資本實力如此重要？因為沒有資本實力做為藝術市場的支撐，就會像非洲國家也有很多優秀藝術家，卻無法在藝術市場佔一席之地。

2. **關注國際大畫廊代理的年輕藝術家：**這是最直接可以找到明日之星的候選人，因為國際大畫廊對年輕藝術家有專業的挑選標準，能被萬中選一挑中，並代理的年輕藝術家必是一時之選；同時，畫廊也會積極推動國際藏家和藝術市場的肯定和支持，並協助和贊助年輕藝術家參與國際大展和重要美術館的展覽，因為他們深知把年輕藝術家培養成國際知名藝術家，就會成為未來的搖錢樹。

3. **關注年輕藝術家會經歷的每個階段：**一般上，藝術生涯經歷期待期、萌芽期、成長期、成熟期、轉型期的循環過程，而成為知名的藝術家。許多新銳藝術家剛冒出頭，處於期待期，等待被發覺，這時可以非常低價買進；之後進入藝術市場認同的萌芽階段，此時是最好購藏入場的時期，因為藝術家開始有重要代表作而且價格也不高；到了成長期則是越來越多人認同，連媒體、策展人、畫廊等，都開始非常關注，此時期形成高速成長現象；最後甚至連美術館都一同加入邀約展覽，此時期為藝術家的黃金時期，作品價格就高不可攀了。藏家要謹慎選擇在不同時期入場買進，才能買得好買得巧，日後藝術投資才會獲利滿滿。

4. **鎖定看好未來的年輕藝術家：**以藝術投資的角度來說，每個時期的作品最少應買兩件以上，因為日後行情走高時，如果你有三件作品，賣一件三件都回本，之後再漲價時，再賣一件就是淨賺，可以再投資，剩下的第三件，放著就是豐厚的養老金。如果只有一件作品，到時賣與不賣都會造成困擾，最怕賣了卻繼續大漲。

圖片提供◎王玉齡

看看畫廊挑出來的

關注國際重要大畫廊力捧的年輕藝術家，也是最好的找到有潛力的明日之星。

圖片提供◎王玉齡

持續關注，適時出手

如果找到喜歡的年輕藝術家，就要一直關注，適當時機買下重要作品，並累積一定數量的作品，日後就可以賣一件抵買十件的錢。

5. **買藝術品不要跟流行**：當代藝術因為流行趨勢和時尚話題，很多當下被流行炒作的藝術家，過一段時間就煙消雲散了。就像之前日本卡漫[1]風潮，現在又變成了票房毒藥了，切記跟風跟流行只會被套牢而已。與眾人反向而行需要勇氣，選擇長長久久的藝術家才是正道，因為藝術家創作的價值首重原創性，要有個人藝術形式和風格，舉凡世界上所有大師級藝術家都有明確的個人藝術風格和語彙，而且不能與其他藝術家重複或類似，才是我們選擇藝術家的首要條件。

---

[1] 漫畫延伸的「卡漫藝術」，早期被收藏家認為「不登大雅之堂」，但隨著「宅文化」風行，也在新生代間蔚為話題。近年來，包括村上隆、奈良美智與松浦浩之等日本當代藝術家最受矚目卡漫風的形式，承接浮世繪的描線、平塗、大眾品味及接續西方普普藝術，同時也夾帶豐富的娛樂性，更容易賦予觀者愉悅的視覺享受，和想一看再看的衝動。

4.2　培養藝術市場的敏感度

對於關注藝術收藏與投資者來說，好好認識和了解過去三年最貴和最具影響力的藝術家是很重要的事，因爲可以幫助大家預測未來幾年的藝術潮流和趨勢，以便規劃收藏和投資的方向，更重要的是培養對藝術投資和市場變化的敏感度。以下帶大家快速了解 2019 ～ 2022 年的市場變化。

開啟藝術拍賣高價新篇章的 2019 年

2019 年是藝術市場話題非常多的一年，許多國際和華人藝術家都締造前所未有的天文數字拍賣高價，這個現象也越來越頻繁發生。首先我們就來回顧一下歐美日藝術家的國際拍賣，2020 年 5 月紐約春拍，傑夫·昆斯的雕塑《兔子》取得 9110 萬美元（約合台幣 27.33 億元）成交價，打敗前一年 11 月英國藝術家大衛·霍克尼的《泳池及兩個人像》9,031 萬美元（約合台幣 27.1 億元）的記錄，摘取「最貴在世藝術家」桂冠。昆斯不僅是拍賣市場上的焦點，他在巴黎塞納河畔的藝術裝置《鬱金香花束》（Bouquet of Tulips）也在 2019 年正式揭幕。這件作品是他對法國與美國之間友誼的致敬，儘管爭議重重[2]，卻都助長了他的國際知名度。此外，英國牛津大學的阿什莫林博物館[3]（Ashmolean Museum）和墨西哥城 Museo Jumex 美術館都在 2019 年以昆斯爲主軸舉行兩場大型展覽，其中在 Museo Jumex 美術館，昆斯和被譽爲「現代藝術的守護神」的法裔美籍藝術家馬塞爾·杜尙（Marcel Duchamp）的雙人展更成爲有史以來訪客量最多的展覽，這也讓昆斯成爲全球最家喻戶曉的明星藝術家。

圖片提供 © 王玉齡

Sacred Heart （Magenta/Gold）
傑夫・昆斯 | 1994-2007 年

話題不斷，爭議也不斷的藝術家

昆斯的作品大膽前衛，非常具有市場價值，但他同時也是極具爭議的藝術家之一，常被認爲他的作品譁衆取寵。圖爲昆斯其中一件著名的作品 Sacred Heart。

---

² 2016 年，傑夫・昆斯宣布將爲 2015 至 2016 年間法國遭受恐攻的受害人民製作雕塑並免費贈送，隨後一直都備受爭議。2018 年時法國《解放報》刊登由 24 名法國藝文、政商界人士署名的公開信，呼籲法國政府放棄設置此作品，因爲昆斯雖然贈送了他的設計，但生產、安裝費用都將由私人捐助或納稅人買單，也被認爲有爲自己做廣告的嫌疑。

³ 於 1678 至 1683 年間蓋成，是世界上最古老的公衆博物館，館藏以史前到近現代的文物、繪畫和雕塑爲大宗，在學界和藝術界都享有極高讚譽。

此外，2019年以廣告惡搞在紐約出道的美國藝術家KAWS的《THE KAWS ALBUM》畫作，在香港蘇富以港幣1.15億（約合台幣4.3億元）成交，買家是美國歌手小賈斯汀（Justin Bieber），這次的拍賣讓街頭藝術與流行文化結合成爲重要趨勢。當然還有作爲潮流藝術始祖的奈良美智，同年香港蘇富比拍賣《背後藏刀》取得1.957億港幣（約合台幣7.4億）的高價。其他日本代表性藝術家草間彌生的魅力也不減，2020年在美國多家重要的美術館巡迴展出的「無限鏡屋」，百萬人次的參觀人數，讓草間彌生再次登上新聞頭條，也使得她的作品價格屢屢攀升、高居不墜。

圖片提供©蘇富比

THE KAWS ALBUM

KAWS ｜ 2005年

連KAWS本人都驚訝的落槌天價

KAWS因爲小賈斯汀以創高價買下這件作品，使得身價和作品行情瞬間爆漲百倍。

背後藏刀

奈良美智｜2000 年｜壓克力畫布

拍賣史上最高價的奈良美智作品

2019 年潮流藝術始祖的奈良美智，同年香港蘇富比拍賣，《背後藏刀》取得 1.957 億港幣（約合台幣 7.4 億）的高價。

行情不斷暴漲的草間彌生

草間彌生的作品近 20 年來，因為在全球各大重要美術館巡迴展出，已經成為家喻戶曉的藝術家，作品行情更是暴漲再暴漲。

亞洲藝術市場的變化

2021 年蘇富比總成交額達 73 億美元（約台幣 2190 億元），為創立 277 年以來最高，主要原因是線上拍賣導入、亞洲及年輕藏家增多和 NFT 加入都是營業額增加的因素。最令人印象深刻的拍場是由周杰倫擔任策展人的拍賣會，此拍場不僅是蘇富比「CONTEMPORARY CURATED」拍賣系列首次登陸亞洲，更因為場上所有拍品皆由周杰倫親自挑選而話題十足，當代藝術夜拍更獲得所有拍品皆成交的佳績，以 8.46 億港元（約新台幣 30 億元）作結，其中美國藝術家巴斯奇亞《無題》以 2.89 億港元（約新台幣 10.3 億元）拔得頭籌。而佳士得 2021 年全球成交總額也高達美元 71 億（約新台幣 2130 億元），是過去五年來最高成交總額，表示目前藝術市場的熱度方興未艾。

至於華人藝術市場的熱度也是節節上升，2018 年是中國藝術家趙無極引領風騷，2019 年則是常玉年。香港蘇富比秋拍，常玉《曲腿裸女》以 1.98 億港元（約新台幣 7.88 億元）成交；香港佳士得接續以《五裸女》的 3.03 億港元（約新台幣 12.07 億元），再度刷新常玉的拍賣新紀錄，這件畫作曾在 2011 年以 1.28 億港元（約新台幣 5.1 億元）成交。書畫方面，2019 年中國嘉德秋拍潘天壽巨作《初晴》以人民幣 2.06 億元（約新台幣 9.23 億元）成交，同一場李可染《井岡山》以人民幣 1.38 億元（約新台幣 6.18 億元）成交，再創新高。不過，2019 年也是華人當代藝術市場進入重新盤整的一年，特別是經歷了「葉永青抄襲事件[4]」，緊跟著以「F4[5]」為首的中國當代藝術，接連以撤拍、流拍、低價成交集體下滑，是非常值得後續觀察。好消息是 2021 年中國當代畫家劉野的巨幅肖像《讓我留在黑暗裡》以 4,530 萬港元（約合台幣 1.77 億元）成交，遠超 2,500 萬至 3,500 萬港元的估價。

---

[4]2019 年比利時藝術家西爾萬（Christian Silvain）指控中國知名藝術家葉永青自 1990 年代開始抄襲其創作，更於藝術市場獲利至少 1.63 億元人民幣（約 7.5 億元台幣）。葉永青僅回應：「這位藝術家對我影響至深，正在爭取與這位藝術家取得聯繫。」但後續再未發聲，抄襲事件在藝術界引起譁然。
[5] 中國當代藝術「F4」所指的是張曉剛、岳敏君、方力鈞、王廣義四人，他們曾是中國當代藝術市場紅極一時的拍賣價格神話締造者。2005 年，伴隨中國經濟的騰飛，中國藝術市場也呈現出空前活躍的局面，F4 呈現出驚人的市場競爭力，占據了中國當代藝術市場的半壁江山。早早就在國際拍賣中達到千萬人民幣的價格。

圖片提供©蘇富比

亞洲藝術購藏火熱

周杰倫擔任策展人的拍賣會上，巴斯奇亞的《無題》，以超過新台幣 10 億元的價格成交，可見亞洲市場對藝術品的熱度。

2021 年快速竄紅的新銳藝術家

此外，各行各業的慣例，年底總是要盤點一下這一年市場起伏，來預測明年的趨勢和發展。縱觀 2021 年藝術市場中最受議論的重要話題，包括國際上幾位快速竄紅的新銳明星藝術家，其作品的投資報酬率都是以百倍的成長速度。還有全球藝術圈、收藏家和投資者都會關注每年崛起的新銳藝術家，主要是因為投資這些才華洋溢的年輕藝術，可能從他們默默無名時低價買入，幾年時間作品就受到追捧、拍賣屢創高價，例如美國洛杉磯畫家約拿斯‧伍德（Jonas Wood）、羅馬尼亞藝術家艾德里安‧金尼（Adrian Ghenie）、美國藝術家艾迪‧馬丁內斯（Eddie Martinez）、達娜‧舒茲（Dana Schutz），以及中國藝術家黃宇興，目前已經成為國際級藝術家，都是屬於供不應求的搶手藝術家。

其中最受矚目的藝術家莫過於黃宇興，我在 2019 年認識他時，還是中低價位的藝術家，由於他作品色彩豐富的藝術語彙，辨識度非常高，吸引大批國際藏家對其創作風格的認同，使得作品價格被迅速抬高，在 2020 年秋季拍賣大漲一倍以上，2021 年 3 月香港佳士得春拍《黃河入海口旁的新興城市》創下 925 萬港幣（約合台幣 3,684 萬元）的好成績，同年佳士得 12 月 1 日的秋拍《七寶松圖》以 6483 萬港幣（約合台幣 2.58 億元）成交，大幅刷新個人拍賣紀錄，使他成為目前最亮眼的 70 後藝術明星。

亮眼的 70 後藝術明星黃宇興

中國年輕藝術家黃宇興是一位很靦腆的藝術家，我跟他在幾次的聚會和展覽認識。他是省話一哥，不過，他的繪畫作品卻是用色豐富，色彩流動，延綿不絕，完全不是省畫一哥。

2022 年熱烈討論的 NFT

2022 年最熱烈的討論話題「NFT」，是一種全新型態的數位資產，也就是把虛擬的物件加以資產化，是目前藝術市場新竄起的交易工具。2021 年 3 月佳士得以網路 NFT 拍賣形式，將純數位藝術作品《每一天：第一個 5000 天》（Everydays：The First 5000 Days）以 6,934.6 萬美元（約新台幣 19 億元）拍出，不但創下 NFT 藝術市場最高價，同時接受虛擬貨幣付款，讓這股熱潮席捲全球，也將 NFT 推向全球投資人目光的焦點。更重要的是使廣大的投資者發現，原來數位作品可以成為投資保值的產品，儼然是一種新興的金融資產，也使得 NFT 在很短時間內，立即受到全球藝術市場的追捧和投入。不過，依照 2021 年的情勢發展，上半年全球 NFT 藝術品交易額高達 2 億美元；然而到了 7 月，卻僅剩不到 2,500 萬，大減約 90%，雖然其他用途的 NFT 交易量仍居高不下，這代表 NFT 藝術市場泡沫化或是會重新蓄勢待發，再創高點，都是值得深入觀察的。

了解前幾年的藝術市場現況與走向，對於藝術收藏與投資者而言，會增加對於未來的藝術市場發展趨勢的敏銳度，在挑選藝術家和作品上，會有更十足的把握度和判斷力。

圖片提供 ©As Studio

GENTLE PANTHER
蔣友柏 | 2022 年 | NFT

4.3　懂收藏的人未來賺更多

藝術收藏作爲財富的重要象徵，已經成爲富豪們家中的基本標配，而參加拍賣、逛藝博會和畫廊買藝術品，也是富豪生活中不可或缺的重要活動。2022 年的美國雜誌《富比士》（Forbes）富豪榜資料顯示，美國排名前 400 位的富豪財富變動與美國藝術品市場成交額的變動有一致性，也就表示說，當富豪們財富增加，他們對藝術品的購買需求也隨之增加。

大家可能會問爲什麼金字塔尖的富豪們如此熱衷藝術收藏？最直接的理由就是一是顯示自己的財富和品味，二是因爲他們想投資、賺更多，而兩者更是有交互作用，產生更大作用力。

> 藝術市場上可能因爲某位大藏家的喜愛，讓一位藝術家的價格飆漲。

例如 1990 日本靜岡縣出生的企業家齋藤了英在紐約佳士得拍賣場上，以 8250 萬美元（約新台幣 25.1 億元）的天價，購買了梵谷的作品《嘉舍醫生肖像》（Portrait of Dr. Gachet），從此梵谷就擠身藝術天價天王之一；張大千的作品也是因爲有台灣廣達電子林百里先生的喜愛，而成爲一畫難求、千金難買的畫家。

藝術收藏讓富豪再添富

那麼，這些喜歡藝術的富豪藏家們到底從收藏藝術賺到多少？萬達集團董事長王健林曾經是中國首富，他從上一個世紀 80 年代就開始收集書法和繪畫，當時他以很低的價格拍賣買了很多畫，他曾說這是他一生中最成功的投資，爲他賺進「至少 1000 倍」；香港富豪劉鑾雄也喜歡收藏名畫、瓷器和紅酒，並且一直把收藏當作一種投資，他也說：「當我第一次買藝術品時，只覺得一切幸福美好。後來我發現這些東西的價值如此驚人，30 年前，一件價值 100 到 200 萬元港幣的瓷器，現在要花 4,000 萬到 5,000 萬元港幣才買得到，買辦公樓也不會漲這麼多！」這是因爲無論全球的經濟形勢如何，大多數頂級藝術品都能抵禦市場的衰退、逆市抗跌，因此吸引大量規避風險的資金。

此外，台灣國巨集團的陳泰銘先生收藏西方當代藝術，也爲他贏得無限風光和豐厚的投資回報。2014 年紐約佳士得舉辦的「戰後及當代藝術夜拍」上，陳泰銘送拍法蘭西斯・培根（Francis Bacon）的《約翰・愛德華茲肖像三習作》（Three Studies for a Portrait of John Edwards）畫作，以 8080 萬美元（約新台幣 24.2 億元）的價格成交，這件作品 2005 年他經由蘇富比私洽購買時，僅花了 1500 萬美元（約新台幣 4.5 億元），不到 10 年時間獲利 5 倍多。此外，2003 年陳泰銘還以 380 萬美元（約新台幣 1.19 億元）於紐約蘇富比拍得培根《盧西安・弗洛伊德肖像三聯作》（Three Studies of Lucian Freud），創下當時的培根作品拍賣紀錄，而培根另一幅重量級作品《教宗》（Pope）也是陳泰銘的重要收藏之一，他以創高價的方式，在國際拍賣會上連連拍得英國藝術家培根的作品，也將培根作品價位拱上國際最頂尖藝術家的地位，讓世界各大美術館屢次向他借展作品，並舉辦培根大型回顧展覽，爲自己的收藏鞏固藝術學術價值，並且抬高其藝術市場價格。

教皇諾森十世像
維拉斯奎茲 | 1650 年

風格強烈的藝術家

培根是一位生於愛爾蘭的英國畫家，其作品以粗獷、犀利，具強烈暴力與噩夢般的圖像
著稱。上面這張圖，由 17 世紀西班牙畫家維拉斯奎茲所創作，而培根將這幅畫用自己的
方式重新詮釋，主題立刻變成腐朽和死亡，建議大家可以到 Google 找看看他的版本。

藝術市場的 3D 定律

藝術市場還流傳著一個「3D」定律，當有這個 3D 狀況發生的時候，也是大家撿便宜的時候。

> 也就是當有一些藏家出現 3D 問題時，例如「Death 死亡」、「Divorce 離婚」、「Debt 債務」，就會產生急於脫手藝術品，以換現金的現象，甚至是賤價拋售。

特別是經濟危機出現時，就會引發藝術品換手，這便是投資藝術品最好的時機，一些難得一見的佳作也會出現在拍賣會上。本人的實際經歷就是有一位認識已久的藏家，因為公司經營不善，導致債台高築，延伸夫妻鬧離婚，只好拿出多年的重要收藏，急於變現，便以低價快速脫手，我們周圍的朋友都因此撿到便宜。

至於當經濟過熱，藝術家被過度炒作時，千萬不要跟風，例如世界最為富有的英國藝術家達明安・赫斯特（Damien Hirst），就是因為過度炒作，而栽了跟斗。他最有名的泡在福馬林里的鯊魚作品《生者對死者無動於衷》（The Physical Impossibility of Death in the Mind of Someone Living），原本售價1200萬美元（約新台幣 3.6 億元），在雷曼兄弟破產當晚，竟然在拍賣會上以 2 億美元（約新台幣 60 億元）天價售出，之後他的作品價格就一瀉千里。

因此，最重要的是，無論經濟環境如何，一定要明確投資藝術配置，通常會建議在你的投資組合中，藝術品收藏資產比例不要超過 10%～ 30%，可以讓你獲得投資高報酬的經濟效益，同時，又可以享受藝術欣賞收藏的樂趣。

把握名家作品販售的時機

2022 年的台北藝博會有許多重量級的作品展出，如草間彌生的大南瓜，這類重要作品也是原藏家想要轉賣，拿出來試試市場水溫。

研究重量級收藏家的收藏

許多非常用心的頂級收藏家的收藏都是兼具質與量，甚至就是一個時代、一個畫派或流派的藝術史縮影，或是某位偉大藝術家創作史代表，進而引起重要博物館或美術館的興趣，常常會以高價來購藏具有代表性的重要作品。

有時候收藏家在收藏到一定數量時，甚至可能決定設立私人美術館或博物館，與公眾分享他們的精心收藏品，作為對社會的責任與回饋。由於認真投入的藏家們是經過充分研究和有系統的收藏，投入自己的金錢和時間，讓我們比閱讀任何書籍畫冊的圖片和論述更直接地認識藝術家、藝術派別以及不同時代的藝術思潮。也因此，這些收藏家們備受尊敬，甚至成為藝術權威，他們不僅決定當前的趨勢，也影響未來的藝術市場發展和藝術史的定位。

根據最新的富豪榜單顯示，前 100 名富豪全部都有購買過藝術作品，並且逐漸成為資深藝術收藏家，例如美國財經雜誌《富比士》的全球富豪榜中，曾經連續 13 年蟬聯世界首富的比爾·蓋茲（Bill Gates），也曾經以 3080 萬美元（約新台幣 9.2 億元）高價購買達文西手稿。從這些富豪的收藏，我們可以學習到許多的收藏方向和策略，我就從這 100 名世界級的富豪中，挑幾位資深的藏家，介紹給各位認識一下，打開大家對藝術收藏投資的視野和想像。

1. **卡洛斯‧斯利姆（Carlos Slim）**是墨西哥首富，他的家族控制拉丁美洲最大的電信公司。他是法國雕塑家奧古斯特‧羅丹（Auguste Rodin）雕塑作品最大的收藏者，也擁有超過 12 幅雷諾瓦（Renoir）的畫作。2011 年斯利姆以去世妻子之名興建索馬亞（Soumaya）博物館，共收藏從史前至現代的超過 66,000 件藏品，每年參觀人數超過百萬人，成爲墨西哥最受歡迎的美術館。斯利姆熱衷慈善事業，曾說：「收藏是爲了分享」，這也是卡洛斯收藏藝術品重要原因之一，一方面回饋社會，塑造優良形象，同時，也可以達到資產投資和個人與企業減稅的目的。

圖片提供 ©Wikipedia

墨西哥最受歡迎的美術館
索馬亞博物館興建於 1994 年，2011 年開幕，耗資超過 7 億美元，由墨西哥建築師費爾南多‧羅梅羅設計，造型像一個銀光閃閃的雲狀結構，讓人想起了羅丹的雕塑。

2. 愛麗絲・沃爾頓（Alice Walton）是美國最大連鎖零售商沃爾瑪（Walmart）創辦人山姆・沃爾頓（Sam Walton）的獨生女，根據美國《財富》雜誌，全球最大的 500 家公司的排行榜，沃爾瑪連續六年蟬聯榜首，年營收超過 5000 億美元（約新台幣 1.5 兆元），員工超過兩百萬，是世界上最大的零售商。2002 年愛麗絲向阿肯色州大學（Arkansas State University）捐款 3 億美元（約新台幣 90 億元），創下美國公立大學最高捐款紀錄。2011 年愛麗絲在沃爾瑪發跡地美國阿肯色州建立水晶橋美國藝術美術館（Crystal Bridges Museum of American Art），名列美國十大當代私人美術館之一。據報導美術館的藝術品購藏資金高達 8 億美元（約新台幣 240 億元），從 2013 年到 2015 年間，安迪・沃荷、歐姬芙（Georgia O'keeffe）、傑夫・昆斯等人的天價作品都是由愛麗絲拍賣所得。沃爾頓家族的公益慈善志業與其它企業家族專注於建立政治圈話語權和影響力的做法不同，而是將沃爾瑪企業總部設立在自己家鄉，並建立博物館，幫助阿肯色州經濟發展，與家鄉一起成長。

圖片提供 ©Wikipedia

與家鄉一同成長
水晶橋美國藝術博物館收藏品包含從殖民時代到當代的美國藝術，全部都是美國藝術家創作的作品。

3. **法蘭索瓦・昂希・皮諾（François-Henri Pinault）**是世界第三大奢侈品集團開雲（Kering）集團的總裁，也是佳士得拍賣公司的最大股東，擁有 3 座美術館，也曾是法國首富。主要收藏從現在到當代的歐美亞藝術流派通通囊括其中，包括畢卡索、米羅（Joan Miró）、蒙德里安（Piet Mondrian）、安迪・沃荷、傑夫・昆斯、達明安・赫斯特、中國藝術家張洹、曾梵志以及新生代藝術家。90 年代初，皮諾趁華爾街投資客紛紛落跑時，抓住機會積累羅伯特・勞森伯格（Robert Rauschenberg）、安迪・沃荷等美國戰後藝術家的作品，並且收購極簡主義幾乎所有重要藝術家的代表作。2001 年他花了 3,700 萬歐元（約新台幣 11.6 億元），一次付清威尼斯的格拉西宮（Palazzo Grassi）99 年租約，建立自己第一座美術館；2007 年，他擊敗古根漢美術館，與威尼斯再度簽約，將海關大樓（Punta della Dogana）改建爲當代美術館；2021 年底他三度請日本普立茲克獎建築師安藤忠雄操刀，完成他的第三座位在巴黎證券交易所（Bourse du commerce de paris）的私人美術館。爲什麼一個奢侈品大佬會這麼熱衷於藝術品收藏？這或許主因是藝術給他帶來前所未有的成就感，同時，有美術館的加持，對他所有藝術收藏品更是價值的倍數提升，更重要的是對於他的奢侈精品企業的形象更是莫大的助益。

圖片提供 ©Wikipedia

巴黎皮諾私人美術館

由安藤忠雄操刀修復建於 19 世紀初的巴黎證券交易所，搖身一變爲皮諾私人美術館，於 2021 年 5 月對外開放。爲藝術愛好者的皮諾，同時也是有著 40 年資歷的資深收藏家，收藏約 400 位藝術家的 1 萬多件作品，繪畫、雕塑、照片等皆涵蓋其中，這也是他的第三座私人美術館。

4. **列昂尼德・米赫爾松（Leonid Mikhelson）** 曾是俄羅斯的首富，自 2013 年以來一直是威尼斯藝術和建築雙年展的主要贊助者，並為 2014 年在聖彼得堡舉行的歐洲巡迴當代雙年展提供資金。2017 年，他在威尼斯開設了一家 V-A-C 基金會藝術空間，2019 年米赫爾松選擇了鄰近克里姆林宮旁的荒廢發電廠「GES2」，設立一個超大型美術館園區，邀請義大利普立茲克獎得主倫佐・皮亞諾（Renzo Piano）建築師設計，將之翻新為多個展覽廳、教室、工作室、宿舍、圖書館、書店、食肆、庭園和廣場的藝術園區。由於米赫爾松的女兒維多莉亞，曾在美國學習藝術史，帶著父親建立俄羅斯和國際當代藝術美術館，成為俄羅斯最有影響力的藝術收藏和贊助者，以身為國家前首富，做最好的社會回饋典範。

5. **萊恩・布拉瓦特尼克（Len Blavatnik）** 曾經是英國首富，不過，藝術圈對他的認識比較是藝術贊助人。2017 年他曾捐贈 5,000 萬英鎊（約新台幣 18 億元）給倫敦泰德現代美術館（Tate Modern）擴建展廳大樓，買下該展廳大樓的命名權，以他之名稱為布拉瓦特尼克大樓；同年，他再捐贈 5,000 萬英鎊，給維多利亞與阿爾伯特博物館（Victoria and Albert Museum, V&A），使得所有參觀者從此都要走進以他為名的布拉瓦特尼克大廳（Blavatnik Hall）的華麗新入口，才能參觀博物館；此外，他還捐款 7,500 萬英鎊（約新台幣 27 億元）給牛津大學，設立布拉瓦特尼克政府學院（Blavatnik School of Government）。由於他的藝術捐贈和慈善行為還被英國女王授予了爵士封號，有點類似用藝術贊助的方式，取得社會階級地位的升級，如同古代富賈買官位的概念。

大藏家值得借鏡學習

以上是我整理出來給大家參考了解，對國際富豪們而言，藝術收藏或是藝術贊助除了有投資的經濟價值之外，同時也可以作爲支持藝術的公益慈善事業，還有塑造企業形象、提高階級地位和回饋社會的功能。這也是爲什麼近年來，亞洲的富豪們也紛紛投入藝術收藏投資和建立私人美術館的原因。例如也在富豪榜前 100 名內的萬達集團的王健林與蘇寧集團的張近東，也成立企業美術館收藏藝術品，之後余德耀、劉益謙、王中軍和喬志兵等也紛紛在中國建立私人美術館。中國的藏家紛紛設立私人美術館，而且未來會蓬勃發展，主要也是跟國家政策有關。至於台灣藏家、國巨集團董事長陳泰銘也透露，正計劃爲其豐富藝術收藏籌建一座私人博物館，預計將選址在台北近郊的陽明山公園。

上述這些藏家大佬們的藝術投資眼光和收藏經歷，我們可以看到他們對藝術收藏投資的目標性非常清楚，下手自信果決，可以作爲我們觀摩與學習的借鏡和典範，特別是對於初入門者而言，看見這些資深藏家買作品的快狠準，讓我們見識到他們眼力、財力和功力的深厚。

第五章　收藏投資操作篇

買不起名家作品，那就先從版畫開始

要完成一件偉大的工作，唯一的方法就是熱愛你所做的事。如果你還沒找到，那就繼續找，不要妥協。

The only way to do great work is to love what you do. If you haven't found it yet, keep looking. Don't settle.

——史蒂夫‧賈伯斯（Steve Jobs），蘋果創始人

5.0 前言

近年來，藝術收藏的市場趨勢已經不再像過去那麼單純，購買藝術的動機起了很大的變化，有的是把藝術品當作投資標的物來操作，有的是爲了跟隨流行風潮，用來炫富或是炒作話題。不過，無論是單純的投資或是跟流行，有心於藝術收藏的買家都應該以個別藝術家的創作力表現與特質，減少市場追逐短期效益的現象，以避免踩到地雷。

金融人士的投資標的物

從 2008 年金融海嘯後的藝術市場熱潮開始，許多具有金融背景的投資人士看藝術投資的短期效益，使得近年來藝術市場走向一直往投資化、金融化前進，這十多年，不難看見藝術品的買賣很像股票買進賣出，與 20、30 年前的市場結構、仰賴的藏家族群很不一樣。由於近年來藝術品在國際市場上屢創巨大回報率，在這種高投資報酬率吸引力的推波助瀾之下，越來越多的資金不斷湧入藝術品市場。不過，在歐美國家的財富投資中，藝術品一直就被作爲資產配置的項目之一，80％的富豪在資產配置時，會將藝術品設在 30％以下，因爲藝術品不同於獲利目標和期限明確的金融產品，是與其他金融產品的關聯度非常小的另類投資，非常適合作爲多元化配置，用來分散資產風險。

年輕藏家的品味搶進

2022 年發表的瑞士巴塞爾博覽會和瑞士銀行全球藝術市場報告調查發現，全球最活躍和買最高價的買家都是千禧一代的收藏家，他們年平均購買的總額是 300 萬美元（約新台幣 9,000 萬元），女性收藏家的平均支出水平也高於男性，而且接受調查的藏家中，有 61％的人將他們的藏品轉售，獲利了結。由於藝術品正如名車、別墅一樣成爲高品味、財富與權勢的象徵，所以目前富二代、富三代

圖片提供 ©Evan

疫情加速藝術產業數位化

因為疫情的關係，加速藝術產業數位化，吸引更多年輕收藏家入門，而成為主要客戶，也影響整個市場的藝術品味的走向。

和藝二代的這群人正被吸引，進入藝術品收藏投資領域。隨著年輕藏家們開始在藝術市場占主導地位，所以他們的收藏品味也影響整個藝術市場的趨勢。因此，近期藝術市場的熱門話題與交易，便是所謂的動漫、塗鴉與潮流藝術品。

不過，這類作品雖然目前賣得非常火熱，未來也有可能會較大修正。因為搶進這個區塊的多屬年輕藏家，他們比較是依照個人喜好買作品，可是相對還缺乏藝術市場裡面需要或強調的專業與經驗。藝術品的魅力所在，除了是修身養性，增加自身的文化藝術涵養和美學品味之外，最實際的是作為資產配置，具有保值性強，安全系數高的優點。不過，如果真的要將藝術品作為財富配置的資產，並且做有效的藝術品投資，則需要具備多方位的專業知識，才能化知識為行動。

5.1　新手如何收藏投資藝術？

前面幾個章節已經教大家如何練功，訓練好做為收藏家的眼力，不過，卽便是做了很多功課，當要開始進場時，腦袋裡就會一個問題接著一個問題，一直浮現，例如要買國際當代？亞洲當代？還是華人當代？買哪位藝術家？買哪類作品？根據 Artprice 與雅昌藝術市場監測中心 [1]（AMMA）共同發布的《2021 當代藝術市場報告》估算，2020 下半年到 2021 上半年，全球當代藝術總成交金額達27 億美元（約新台幣 810 億元），增幅 117%；而這幾年才興起的 NTF 藝術市場，每季皆有 380 倍漲幅，更讓人不免蠢蠢欲動，吸引許多新手入門。

新手藏家收藏投資指南

對於新手藏家要入門，還是要再次提醒大家，

請先確認自己是否已經了解「投資性收藏」或「收藏性投資」的不同。

「投資性收藏」以投資為目的，選擇標的購入後，再擇良機賣出，因此前提是務必要買到好物件，好作品日後才有好價格；「收藏性投資」則以收藏為主，目的是為了培養個人的嗜好和怡情養性，不設脫手期限，視獲利為對自我好眼光的額外收穫和獎勵，所以無論投入資金多或少，都是閒錢。

---

[1] 由中國權威藝術品門戶網站雅昌藝術網所成立的雅昌藝術市場監測中心，對中國藝術市場多年的研究分析經驗，利用 AMMA 強大的藝術市場資料庫的核心資源，通過專業團隊的市場分析，以中立客觀的角度，提供藝術市場各類資料整理和統計分析服務。

如果心中已經有了定見，再提供幾個原則做參考，讓大家可以再三思考：

1. **買誰的作品？** 如果你沒有特別關注喜歡的藝術家，會建議以華人當代藝術家開始下手，主要是因爲這是一個正在迅速發展中的市場，而且就社會文化層面來說，比較容易理解藝術家的創作內涵而引起共鳴和喜愛。此外，對於新手藏家而言，也比較容易找到更多中文報導和介紹資料去認識華人藝術家。找到認識藝術家的手感之後，就可以循序漸進，進階到亞洲當代藝術家、歐美當代藝術家，甚至是已過世的近現代藝術家，只要是自己喜歡的藝術家或是藝術類型，就可以深入認識和研究。有人會問是否應該專注於特定區域的藝術家和藝術市場嗎？其實，藏家不必限制自己的選擇，例如過去亞洲藝術家的市場較集中於亞洲，因爲亞洲藏家只買亞洲藝術家的作品，但如今情況已截然不同，越來越多國際藏家購藏不同國籍的藝術家作品。

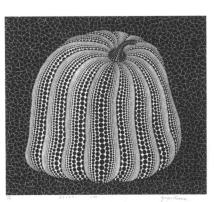

圖片提供◎王玉齡

草間彌生
絹印版畫

圖片提供◎王玉齡

趙無極
蝕刻版畫

先從名家經典版畫入手
收藏投資新手們可以先從草間彌生和趙無極等名家的經典系列版畫入手，價格不高，同時每年持續上漲。

2. 買什麼作品？ 如果購藏預算不高，國際名家的版畫會是一個很好的入門款，例如草間彌生、奈良美智和趙無極等藝術家，都有製作經典系列的版畫，價格也是每年持續上漲。例如我 2021 年 2 月買進最具爭議性的英國當代藝術家達明安・赫斯特（Damien Hirst）的《櫻花綻放》（Cherry Blossoms）系列版畫 8 張兩套，當時的售價是 1 張 3,000 美金（約新台幣 9 萬元），1 年半後，網路上的售價已經飆升到 1 張 32,000 美金（約新台幣 96 萬元），漲幅高達 10 倍。由於這些國際級知名大藝術家的原作售價都是幾百萬美金起跳，大部分的人只能遠觀，不可褻玩焉。不過，由於他們的藝術成就與市場地位，是最好的投資和保值的保證，因此，如果能夠買到他們的版畫或是有版次的小雕塑、小公仔，都是大家可以負擔得起的美麗而正確選品。

圖片提供 © 王玉齡

櫻花綻放
達明・赫斯特｜版畫

1 年半漲幅 10 倍

我買進的英國當代藝術家赫斯特的《櫻花綻放》系列版畫，1 年半漲幅高達 10 倍，所以名家的藝術成就與市場地位，是最好的投資和保值的保證。

3. **買經典原作？** 是的！如果你喜歡的藝術家是以繪畫聞名，就應該先從他或她的經典系列原作開始收藏，其他類型的作品例如雕塑或裝置，雖然可以幫助我們從不同角度了解藝術家的創作過程，或是提供我們另一個方式理解他或她的畫作。不過，還是建議要先從其繪畫原作開始收藏，除非已經是每個時期的重要繪畫作品都有了，才開始收這位藝術家的其他類型作品，這樣才能把投資收藏的錢花在刀口上。

4. **買在對的時機**。如果你正在考慮兩位藝術家的作品，一位是非常喜歡的藝術家，一位是目前市場寵兒的藝術家，那就要毫不遲疑買後者，然後等個一兩年，等後者價格翻倍時，再賣掉去買前者，此時，前者也可能正在市場崛起中。許多的收藏投資老手會觀察市場的趨勢，並注意藝術家行情的起伏，在對的時機點去購買藝術品。例如近幾年東南亞藝術家的市場增長迅速，潛力龐大，許多藝術家在其所在國家已經有非常高的知名度，但一直未能走出地區市場，全賴國際藝博會、雙年展以及國際美術館的展覽，全球藏家才能更容易購藏東南亞藝術家的作品。由於東南亞藝術仍是新興的市場，作品價格相對便宜，因而成為新手藏家入門的理想選擇。不過，切記優選是經濟正在起飛的東南亞國家，這樣他們的作品在未來才有增值的空間，這也回應到第四章 4.1 提到的強國經濟強勢文化的原則，看好這些國家正處於經濟發展中，目前該國的藝術家還處於作品價值低估的相對超低價位，此時進場，買在對的時機點，未來無可限量。不過，重點還是在要懂得慎選藝術家。

5.2　月薪族如何投資藝術？

事實上，30 歲左右開始有點經濟基礎的上班族，是最適合開始接觸藝術收藏的族群。因為年輕上班族有穩定工作和收入，如果有正確的心態與認知後，多逛美術館、畫廊、畫展、博覽會，多和畫廊老闆討教、結識藝術家本人、與其他收藏家交換情報，都是獲得最新資訊的絕佳方式；此外，透過春秋兩季的拍賣會，一次幾百件的藝術品盡在眼前，彷彿上了密集訓練班。真實的藝術市場就是一個藝術資訊的市場，掌握了更多最新資訊，就掌握了收藏和投資的先機。

入門前先做功課

至於初入藝術市場的年輕買家，如果五十萬以上的藝術品買不起，沒關係，還有剛出道的新銳藝術家可關注，只要了解他們的發展潛力，確定是一個不錯的投資選擇。在後疫情時代，各種報復性的消費和股票市場的火熱，讓許多上班族朋友都在問：薪水不多，是要如何投資藝術品才能搭上這波熱潮。近幾年飯店型博覽會在台灣非常盛行，從北到南一檔接一檔在各城市的 5 星級飯店舉行，而且會展成績亮眼，參觀人數屢創新高，銷售佳績更是捷報連連，短短幾天的展期總銷售額突破 5 千萬以上。更重要的是這種展出小型作品低價的飯店型藝術博覽會，會展期間出現非常多年輕上班族的身影，可見他們對藝術收藏與投資也充滿好奇。

事實上，因為這個飯店型藝術博覽會大多展出新銳的年輕藝術家，價位從幾千元到幾十萬元都有，是一般月薪族負擔得起的價位，因此，如果有心儀的藝術家，可以事先做好功課，在開幕當天就去下訂，以免向隅；或是還沒有關注的藝術家，也可以在閉幕當天去看作品練眼力，在展覽現場認識那些賣得最好的藝術家，將他們納入自己關注的口袋名單。

圖片提供 ©As Studio

等待春天
蔣友柏｜ 2022 年｜複合媒材畫布

此外，有些國內外資深大畫廊代理的年輕藝術家，也是非常好的入門選項，只要鎖定幾位自己喜歡的新銳藝術家，畫廊有他們的個展就去觀賞，並且可以跟畫廊以分期付款的方式，定期選購。幾年下來，不但可以低價買進並累積早期的好作品，同時，也可以看到這些新銳藝術家的行情漲幅，之後，再進一步更精準地去鎖定幾位持續成長的藝術家，那麼未來的高倍投資報酬率絕對是指日可待。

最適合初入門者的作法

給年輕上班族口袋不夠深的朋友建議，不妨從收藏限量的名家版畫和攝影作品開始；很多知名藝術家爲了讓更多人能收藏，授權複製其知名作品的限量簽名版畫，這些版畫有名家的加持，卻又沒有原作昂貴，若買到具代表性的作品，未來增值也是可以期待的。有些版畫成套購買，價值感比較高；而化零爲整，如一年買一幅來收藏，10 年後，涓涓細流累積的收藏，也是很可觀。如果大師級的版畫已高不可攀，年輕上班族也可以注意和自己同輩的新銳藝術家，找尋屬於自己世代能認同的藝術風格及表現語言，挖掘下一波的藝術新趨勢；例如動漫畫風格的畫作、錄像藝術[2]（video art）、綜合媒材和裝置藝術的作品，在全球已經蔚然成爲新的流派。藝術投資是要做功課的智慧型投資，上班族趁年輕時起步，才能累積藝術鑑賞力與收藏投資力！

買藝術品要有精準的眼光和鑑賞力，可依循 3 個原則去觀察，並判斷是否爲值得關注的年輕藝術家：

1. 藝術形式是否有原創性？

2. 藝術市場是否有認同度？

3. 藝術創作是否有學術肯定？

年輕上班族可以從這 3 個原則去增進自己的藝術鑑賞力，多做功課，長期關注市場動向，了解藝術家背後的經營者與支持者、收藏家的實力，做爲收藏的參考。

---

[2] 影像藝術是指以影像爲媒體的藝術形式，英語「Video Art」是以錄影帶（videotape）來命名。

現在掌握藝術市場資訊最快速的方式，正是年輕上班族再熟悉不過的網路世界；如「Art Net」、「Art Price」、「雅昌藝術網」等，皆是藝術圈內耳熟能詳的網站，收集、公布世界上各地拍賣場的拍品與價格，藝術家在國際上受歡迎的程度、身價漲跌，過去作品的價格紀錄、市場趨勢，資訊一目了然。趁年輕時，多充實美學訓練和收藏資訊，再伺機涉入投資。

圖片提供◎Evan

新世代買家，新世代藝術家
多逛展，從中尋找符合自己喜好與認同的新銳藝術家。

5.3　　千禧藏家怎麼買藝術品？

誰是千禧世代（Millennials）？千禧世代又稱 Y 世代（Generation Y），一般指 1980 年代、1990 年代出生的人。按照年齡、職涯發展來推算，千禧世代如今正處於或步入收入的高峰期，成為真正意義上的消費主力。由於他們是真正生於網路的世代，塑造出與上一代截然不同的價值觀與作風，如喜愛追求新事物、敢於挑戰權威、會以不同的方式來定義自我。也因為誕生於網路迅速普及的時代，千禧世代接觸世界的方式較上個世代更為立體，透過數位科技，能觸碰到的內容更加豐富、分眾，也因為更加即時、大量的關係，養成碎片化、跳躍式的閱聽環境，習慣多屏、多工的數位生活，且能依照情境的不同，自在地切換不同的裝置如手機、平板、電腦等。透過科技的協助，千禧世代能隨時與世界保持無縫接軌狀態。

自 2020 年 3 月疫情大爆發以來，國際藝術圈受到前所未有的影響，許多博物館和美術館關閉，藝術博覽會取消，拍賣公司和畫廊關閉、解僱員工。藝術產業不得不轉向線上展覽銷售，拍賣業的龍頭蘇富比和佳士得更是在紐約春拍和秋拍，串聯倫敦與香港共三地，開啟多鏡頭直播拍賣，建構全新的商業模式。業界為了求生存的應變之道，確實也帶來令人振奮的消息。根據國際拍賣公司 2020 年前 7 個月的財報，線上銷售總額較去年同期增長 540%，顯然買家客戶對科技帶來的資訊透明度與買賣便利性產生信任。此外，財報也顯示亞洲市場強勁崛起，超過 20% 的新買家與舊買家來自亞洲，收藏家也有越來越年輕的趨勢，超過 30% 的競拍者及藏家年齡在 40 歲以下，主因是全力發展線上銷售和專拍的結果，而這批千禧買家的投入，正好為藝術市場帶來全新的商業運作和不同的客戶品味。

圖片提供◎王玉齡

千禧世代收藏家的特性

千禧世代的收藏家藉由社群媒體接觸到更多元的世界，藝術品味也跟隨潮流的變化，變得更爲豐富、分衆、而且動態。

千禧藏家的藝術口味

根據 2020 年發布的《巴塞爾藝術展與瑞銀集團環球藝術市場報告》顯示，作為與網路共生共榮的千禧一代，有 92％曾在線上購買藝術品，同時，他們也將 Instagram 作為了解藝術家及其作品的主要管道。這也符合目前 45 歲以下的藝術界當紅新秀中，以艾德里安·格尼（Adrian Ghenie）、艾芙瑞·辛格（Avery Singer）、尼古拉斯·帕蒂（Nicolas Party）和 KAWS 等年輕藝術家都擁有自己的社交媒體，定期發布作品和展覽訊息。這些被稱為超當代藝術家[3]們與千禧藏家是同一個世代，不同於上一代的父執輩們，他們生活在全球化時代，對於用藝術來講大道理或是宏大敘事不感興趣；他們對於這種網路視覺語言有著與生俱來的親切感，有共同的成長經驗和共通的生活價值，喜歡追求當下的個人體驗。這種集體意識和代表流行文化的超當代藝術不謀而合，千禧藏家也因此成為了年輕藝術家的擁戴者。

如果我們分析近年市場走向和結構變化，可以看到在年輕藝術家及大量千禧藏家投入市場的衝擊下，從 2019 年起，全球頂級高端藝術品市場的光輝已經不再了，拍賣會中價值 1,000 萬美元以上的作品成交量減少了 35％，銷售總額下滑了 39％，取而代之的是超當代藝術，其銷售總額卻較 2018 年提高了 65％，這個現象延燒至今，因此，大家可以把眼光轉向更年輕的藝術家，找出下一位當紅炸子雞藝術家。

---

[3] 超當代藝術（ultra-contemporary artist）也就是 1975 年以後出生的藝術家，近幾年的活躍度飛速上升。國內外頂尖美術館相繼為他們舉辦展覽，威尼斯雙年展等全球藝術盛會中也不乏他們的身影，2021 年超當代作品在全球拍賣市場中的年度交易額是 2019 年的 4 倍，達到 7.42 億美元。超當代藝術家正在通過自己的方式，讓世界關注他們。

值得關注的超當代藝術

最近幾年，在藝術市場上流行一個新的名詞「超當代藝術」（Ultra-contemporary），這個名詞指的是購買收藏新趨勢和市場銷售新熱門標的。例如2019年統計出來的「全球最貴十大超當代拍品」榜單上，其中，70後藝術家艾德里安·格尼（Adrian Ghenie）和喬納森·伍德（Jonas Wood）均有三件作品上榜，前者的《杜尚的葬禮》更是以564萬美元（約新台幣1.8億元）的成交價位居第一。這些40多歲的年輕藝術家所創下的驚人成交價，已經將許多知名的前輩藝術家遠遠甩得看不到車燈。

圖片提供 © 王玉齡

圖片提供 © 王玉齡

關注大畫廊了解趨勢

近年來，新銳藝術家走紅得很快，行情也跟著暴漲。因此，跟著大畫廊，關注他們所力捧的年輕藝術家是一個不錯的選擇。像是瑞士新銳藝術家尼古拉斯·帕蒂（Nicolas Party）近年備受國際關注，以奇幻風景、肖像和靜物的粉彩畫風躋身當代國際藝壇，作品畫價也在近年的拍賣中節節上升。

這個現象的背後主要因素是：近三年來，國際藝術拍賣和畫廊的藝術品成交數量屢創新高，以 2020 年爲例，全球藝術市場的銷售數量達到 55 萬件，其中戰後及當代藝術占 56%，最令人驚訝的是 23% 的交易數量都是近 20 年內創作的作品，因此，市場中有了「超當代藝術」的標籤，來特指 1975 年後出生的藝術家創作。這些藝術家的作品均爲平面繪畫作品，形式上游走於具象和抽象之間，以複合媒材爲主，內容上完全以個人情感抒發爲主，鮮少歷史脈絡或道德說教。

作爲近年來漲幅最大的區塊，越來越多的超當代藝術品在二級拍賣市場中，突破百萬美元大關。值得注意的是，超當代藝術的收藏者幾乎是與其同輩的年輕藏家，尤以生於 1980 ～ 1995 年間的千禧一代爲主。這個趨勢和現象也是非常值得入門收藏者關注和觀察，如何發掘並找到下一世代的超當代藝術明星藝術家，也是大家可以努力用功的方向。

未來藝術市場主力

雖然這群千禧買家進場不過兩、三年的時間，卻已經成爲全球最活躍的買家，他們每人平均花費 300 萬美元購買藝術品，而且在按年齡劃分的五類藏家中，他們的佔比例高達 49%。不僅如此，79% 的千禧一代都傾向於收藏以繪畫和雕塑爲主的純藝術類作品，對當代及超當代藝術青睞有加，幾乎不考慮藝術家的國籍和性別，對不同類型的作品接受度較高。2019 年的平均購買量爲 24 件，超當代藝術也成爲了他們的不二選擇。此外，71% 的千禧藏家平均每隔四年，便會將自己買入的藝術品轉手，因此，深入了解這群以投資爲主的千禧藏家是非常重要的，因爲他們即將成爲未來藝術市場的主力，他們的藝術品味與對年輕藝術家的喜愛，也將影響未來藝術品的定位和定價。

另外，若是要投資收藏藝術，這些 75 後到 90 後的超當代藝術家後勢看好嗎？
答案是肯定的，因為在這些壯年多金的千禧藏家的推波助瀾之下，美好未來是
指日可待的。

圖片提供 ◎ 王玉齡

Mr.
在夢境之中 | 2016 年

愈來愈搶手的藝術明星

日本藝術家 Mr. 的作品近年來愈來愈搶手，他尤其擅長演繹日本的御宅族文化。

5.4　　　　　藝術公仔也能收藏投資？

近幾年，在許多潮流偶像、時尚人士和知名設計師的推波助瀾下，更發展出藝術玩具（Art Toy，或稱爲藝術公仔），其價值更以令人咋舌的速度快速飆漲，成爲藝術市場的熱門話題，也顯示藝術走入年輕世代的生活中，與普羅大眾拉近距離。這也是因爲年輕的當代藝術家將過往遙不可及的藝術，以日常形式帶入生活之中，使得模型公仔這類被視爲玩具的物件受到年輕世代的喜愛，更重要的是它成爲同儕之間的社交話題，同時，也變成反映當下社會脈動與文化潮流的另一種指標性產物。

> 普普藝術的代表人物安迪‧沃荷曾說：「藝術要走入人群，藝術要與金錢掛勾，因此，應該要努力把藝術商業化。」

藉由與服飾、時尚、藝術、音樂等不同領域的跨界聯名合作，酷潮玩具在全世界凝聚了許多死忠的支持者，儼然已成爲時下街頭年輕的潮人們最愛的收藏品。如果你是收入有限的月薪族，又喜歡酷炫潮流藝術的年輕買家，非常建議把售價不高的藝術公仔，也納入理想的投資收藏選項。

什麼是藝術公仔？

藝術玩具，是玩具？還是藝術品？相信這是普羅大眾的共同疑問。1998 年，藝術玩具剛起步的年代，被稱爲「設計師玩具（Urban designer toy）」。美國紐約的年輕藝術家們，爲了探討社會議題，貼近大眾且減少藝術品生產成本，而發展出具強烈街頭感、富設計感又有議題性的玩具。近 20 多年來，藝術玩具的發展慢慢走入當代藝術的範疇，並且被接受和認同爲藝術品，特別是國際拍賣會開

始上拍，更多知名藝廊舉行個展和聯展，可說是市場邁向成熟。

特別是 2022 年 4 月剛接任 Kenzo 創意總監的日本潮流藝術教父 NIGO，也是 A Bathing Ape 創辦人，曾於 2014 年於香港蘇富比推出「NIGO®：一生二命」（NIGO®：Only Lives Twice）專拍，拍品包括《Star Wars》、安迪·沃荷、RICHARD MILLE、JACOB & CO. 等，逾百件私人珍藏的藝術玩具和藝術設計傢具進行拍賣，全數成交，總成交價超過新台幣 1 億元。其中 KAWS 的「同伴」（Companion）系列以超過預估價的 6 倍售出，這項成績改寫了由街頭藝術衍生而來的藝術玩具，為它重新作了市場定位，街頭文化或塗鴉藝術從此擠身為當代藝術，賦予了更多的收藏價值。

圖片提供 ◎ 王玉齡

親子都能享受藝術的樂趣
越來越多藝術家推出跟自己作品相關的延伸藝術公仔，吸引更多年輕收藏家的喜愛，父母買作品，再幫小孩順便買一個藝術公仔，親子一起共享收藏樂趣。

而自 2016 年迄今，藝術玩具市場大爆發，國際知名藝術家重視亞洲消費力，吸引更多藝術玩具品牌加入，定期舉辦大型個展或是限定作品發行。而時尚品牌也看中這個年輕族群與品牌鎖定客戶群的重疊性，因此與這些潮流藝術家聯名合作藝術玩具，以相乘相加的方式，讓品牌行銷面向更爲寬廣。有時作品才剛推出沒多久，便在線上拍賣網站飆出高價，打開藝術公仔新藍海。藝術公仔的市場成績如今成功改寫了當代藝術收藏，無論是從街頭文化或塗鴉藝術衍生成爲當代藝術，或是當代藝術的周邊產品跟著水漲船高，藝術收藏品已然在這波公仔浪潮中被重新定位。

誰在買藝術玩具？

潮流玩具近年來在諸多潮流 ICON、知名設計師不斷推播下，儼然已成爲時下街頭潮人們最愛的收藏品。藉由與服飾、時尚、藝術、音樂等不同媒體的聯名合作，在全世界凝聚了許多死忠的支持者，就連名人、藝人也都是入坑甚深者。藝術公仔到底有沒有收藏價值？其實，只要有人喜歡就有收藏價值。不過，決定公仔收藏價值的一個關鍵在於公仔藝術家名氣和版數，如果是限量發行，版數越少追逐的人越多，價格當然就會持續上漲。

此外，也因爲這類藝術公仔尺寸大小適中，適合放在家中，擺設玩賞，且單價相對不高，容易入手，不少企業家二代、三代的年輕藏家正是接觸潮流文化長大的中堅份子，他們的共同特質是對潮流文化或藝術設計極端敏銳、擁有跨國經驗或跨領域背景、對週遭事物充滿好奇與探索、且熟悉傳播行銷與社群運作、對一些社會議題容易產生共鳴。當然，也透過網際網路、社群網站如 Facebook、Instagram 具全球串連特性的媒介，提供藝術玩具一個偌大的國際平台。搭配線上購物如 Paypal、ApplePay 等快速、簡易的金流交易方式，成功地拓寬藝術玩具的市場，在能見度高、流通率強的情況下，提供藝術公仔收藏、投資良好的環境。

給我擁抱吧
Amy T 譚美怡｜2022 年｜陶瓷

藝術公仔熱潮

2022 年的台北國際藝術博覽會上，也出現許多藝術公仔。

圖片提供 © 蘇富比

失眠夜（坐著）

奈良美智｜ 2007 年｜複合媒材

藝術公仔的夢幻逸品

奈良美智的公仔應該是藝術公仔收藏家的夢幻精品之一，而且投資報酬率也是最高的之一。

當玩具成為藝術品

當代藝術將過往遙不可及的藝術一把抓進了日常生活之中，特別是模型公仔（Designer Art Vinyl）這類被視為玩具的物件，也成為藝術家反映當下社會脈動與文化潮流的另一種指標性產物。藝術公仔平易近人的藝術風格，吸引當代藝術家的投入，這些造型奇特，反映千禧世代做自己的生活態度和美學價值，成為一種時尚品味和個性象徵，也因此變為洛陽紙貴，人人競得，躍升為價格蒸蒸日上的藝術品。從日本藝術家草間彌生（Yayoi Kusama）的點點南瓜、奈良美智（Yoshitomo Nara）的大眼娃娃、村上隆（Takashi Murakami）的微笑小花，到美國塗鴉藝術家 Brian Donnelly 化名為 KAWS 所創造出經典「XX」氣勢下的大膽前衛，這股藝術公仔浪潮不只是引起千禧世代和更年輕收藏家的熱血沸騰，同時，也反映了一個時代精神的縮影和生活的態度，更是一種年輕世代的當代美學的再現，而且一旦掉坑就難以自拔。

近年藝術公仔的收藏熱潮是被 KAWS 推到高點，主要是因為 KAWS 製作一系列自己創作的公仔，開始展露頭角，經過十多年的發酵，影響了一個年輕世代，至今藝術公仔的市場早已成熟。這個現象也與第二代藏家購買力崛起，有直接關係，當年這些年輕的買家隨著年紀增長，現在有能力購入經濟價值更高的收藏品；此外，KAWS 的藝術作品價值日增，連帶使其衍生玩具作品價格暴漲。這個現象也反映在日本三位最具代表性的當代藝術家草間彌生、奈良美智以及村上隆的藝術作品衍生的週邊玩具。由於他們在當代藝術領域已經建立重要地位與影響力，如日中天的知名度已使藝術作品價格高不可攀，讓喜愛這些國際大師的藝術卻沒有購買能力的人，爭相蒐羅相關周邊商品，以滿足收藏欲，進而造成周邊產品的價格水漲船高。也因此，越來越多的知名藝術家、插畫家或設計師開始投入藝術玩具，吸引年輕大眾的關注和搶購，甚至與時尚精品開始跨界合作，例如 Dior 與日本插畫大師空山基與 KAWS 聯名，這些藝術公仔的未來發展趨勢也就更值得關注。

值得關注的藝術家

對一般人來說，藝術太貴了，不是每個人玩得起，也因此，藝術玩具逐漸成為藝術的另一個出口，因為藝術玩具有藝術家作品的藝術表現，但價格卻比藝術品原作要便宜得多，提供入門或中階藏家的投資收藏的可能性。如果你也喜歡把玩藝術公仔，那麼就可以深入去認識了解目前最受矚目的當紅公仔藝術家，特別是日系和歐美系的，深受藏家們的青睞。

日本藝術家中村萌的作品充滿純真、靜謐的氣質，精緻細膩的木雕，呈現出特有的療癒感，是屬於價格暴漲幅度極高的年輕世代藝術家；同樣是日系藝術家的小泉悟，自 2010 年間發表一系列身著動物裝束的孩子作品，以情緒作為表現方式，展露出一種孤獨、迷惘卻又溫暖的情懷，備受藏家讚譽、喜愛和著迷；另外，灰原愛也是日本藝術家，她的日常造型的少女雕刻作品充滿詩意和抒情調性。

而歐美藝術家中同樣具有療癒效果的，還有來自西班牙的哈維爾·卡勒加（Javier Calleja），近期在歐亞市場人氣頗高，最初以平面創作為主，後來才開始從事立體雕塑，其作品以玻璃珠般澄澈的大眼男孩為主角，並體現出一種自然、童真的萌呆感覺，相當討喜。先天色盲的美國藝術家丹尼爾·阿爾宣（Daniel Arsham），他喜歡探究不可違逆的自然規律，並經常以等待消亡、殘骸、破敗、腐朽的時間概念表現美感，早期他的作品皆以黑白為主，後來友人特別為他訂製了一副眼鏡，讓他看到彩色世界，此後他的作品才又增添了一抹色彩，他的《破裂熊》（Cracked Bear）就是第一件有顏色的作品，也從此開啟他的彩色創作；而 KAWS 的公仔作品中，就以米老鼠為藍本，名為 KAWS Companion 系列最受到收藏家們喜愛。

Little Maurizio Figurine
哈維爾・卡勒加

大眼男孩藝術公仔

西班牙藝術家卡勒加的大眼男孩藝術公仔，在歐亞市場人氣頗高，體現出一種自然、童真的萌呆感覺，相當討喜。

至於走爭議路線的英國藝術家班克斯（Banksy），至今沒有人見過他的真面目，2018 年 10 月在倫敦蘇富比拍賣會上，正當他的作品《氣球女孩》（Girl with Balloon）落鎚拍出 86 萬英鎊（含佣金為 104 萬 2,000 英鎊，合約為新台幣 4,150 萬元）高價的一瞬間，位於電話競拍座旁牆壁上掛著的拍品突然發出聲響，畫框內的畫作緩緩降下，《氣球女孩》作品下半部被內藏的刀片宛如碎紙機般裁切成整齊的條狀。在場的蘇富比員工以及參與賓客，不是滿臉震驚，驚呼連連，就是笑到岔氣，自毀畫作的大膽行徑，更是一舉又將班克斯推上熱門話題之列。而日本 MEDICOM TOY 以 Banksy 為啟發出品的系列雕塑玩具，雖然沒有經過本人授權，卻也在二級轉賣市場上水漲船高。

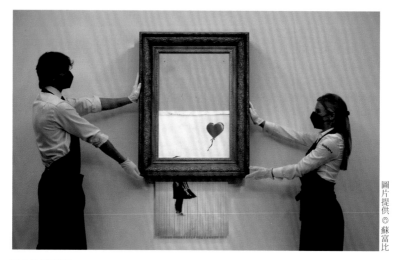

圖片提供 ◎ 蘇富比

愛在垃圾桶裡
Banksy ｜ 2018 年

自毀畫作反而帶來增值效果

Banksy《氣球女孩》以 104 萬英鎊成交，立刻變成自碎畫後，作品改名《垃圾桶中的愛》，2021 年再度在倫敦上拍賣，結果以 1,853 萬英鎊（約新台幣 7.1 億元）高價成交，3 年升值 18 倍。

藝術玩具收藏竅門

最具升值潛力的藝術玩具通常都是稀有、名家作品，而且限量百件而已，就是最好的增值保證，因為並不是所有藝術玩具都有升值空間。因此，對於想要收藏投資藝術玩具的入門者而言，選一個具有保值和漲價潛力的設計師或藝術家是非常重要。例如 KAWS 的藝術公仔，基本上價格一直持續上漲中，其他像是草間彌生和奈良美智等全球知名藝術家的作品，也是玩家追捧的物件，升值潛力很大。不過限量作品，仍然是決定價格高低最重要的指標之一，而且即便是公仔也必須具有其藝術價值，才不會被市場輕易淘汰，因此國際知名藝術家的公仔又比設計師插畫家的更具有投資價值。

> 此外，若是有心收藏的話，通常會建議大尺寸的藝術玩具，具有較高的升值幅度，最好是在 20 公分以上，數量極少，發售時價格就偏高的，而且購買難度也高，或是有特定的紀念意義與價值的，都會成為日後大家追捧的稀有品項。

當然要注意購買的通路，不要買到山寨版玩具，以免受騙上當。藝術玩具看上去像是玩具，卻有令人玩味的造型，全部出自藝術家之手，讓藏家在購買之時，買的不只是商品，更是融入思想的藝術品，才有收藏投資的藝術價值。

5.5　藝術與精品聯名也能收藏？

近年來，常常看到許多人瘋狂排隊，搶購精品與藝術家跨界聯名的商品，比如 2008 年草間彌生與 Louis Vuitton 聯合創作的包包和服飾點點系列，爲 LVMH 集團創下了近 30 億美金的獲利。如果你想收藏藝術，又喜歡時尚，那麼時尚品牌和國際知名藝術家的聯名款作品，也是值得收藏投資的好選項。

藝術帶動精品潮流

早在 2000 年起，歐洲奢華精品就開始與著名當代藝術家合作，時尚與藝術形成一種共生關係，引領潮流。其中 Louis Vuitton 可以說最擅長運用藝術的跨界合作，來創造話題、開拓不同市場和客戶群、創新品牌形象、帶動品牌年輕化，爲產品注入藝術元素與能量，並且提升企業的國際形象與地位。其所執行的規模與合作次數之多，至今沒有品牌能出其左右。由藝術家光環所帶來的加乘效果，多年來獲得提升品牌形象的巨大成效，同時也締造銷售業績高峰。從 2003 年與日本當代藝術家村上隆一連串的設計合作，與美國藝術家傑夫・昆斯跨界合作，以及和日本藝術家草間彌生的櫥窗創作，怪異奇趣的呈現方式，到現在仍讓人津津樂道，達到藝術與設計相互加乘，創造極大宣傳話題和銷售效益。2019 年國際時尚品牌迪奧（Dior）則在男裝春夏時裝系列發表時，與國際知名藝術家 KAWS 合作，推出 DIOR × KAWS 聯名的粉紅絨毛玩具，身穿 Dior 黑色西服套裝，再以粉紅色鼻子點綴，造成轟動，不但成爲鎂光燈下的亮點，也立刻搶購一空。同時，KAWS 的巨型坐姿「同伴 Companion」也入駐，成爲城市地標。

藝術帶來加持效果

近年 Kim Jones 出任 Dior Men 藝術總監，也讓大家見識到他將街頭藝術、運動元素注入時尚設計，把高級男裝的雅致與街頭藝術混合得令人驚艷。他在 Dior 的首場大秀委託藝術家 KAWS，用花朵打造超過 9 公尺高的巨型公仔，藉此向創辦人克里斯汀・迪奧（Christian Dior）致敬。往後每一個系列也都找藝術家跨界合作，包括 2019 早秋系列的金屬女性機器人出自日本插畫家空山基之手，秋季系列則邀請美國普普藝術家 Raymond Pettibon 的作品，2020 夏季系列則由美國年輕藝術家 Daniel Arsham 全力發揮，並且全權委託 11 位藝術家，為經典 Lady Dior 包款創造新的想像。

圖片提供◎王玉齡

藝術加成
日本插畫家空山基最有名的就是金屬女性機器人，與時尚精品的合作，再創藝術加成的效果。

如今這種跨界合作模式已經風靡到各種平價大品牌，讓藝術平民化，例如全球最大家具品牌 IKEA，近幾年也邀請著名藝術家設計潮家飾品，屢創銷售佳績。日本服飾品牌 UNIQLO 則以藝術聯名，引領風潮，一再創造聯名話題，繼 KAWS× 芝麻街（SESAME STREET）、Daniel Arsham× 寶可夢（Pokémon），2020 年推出全新「Billie Eilish X 村上隆」UT 系列，邀請全球流行音樂巨星怪奇比莉與日本藝術家村上隆，以音樂與藝術創作者跨界合作，引起年輕消費者的搶購。像是 KAWS 這炙手可熱的當代藝術家於 2016 年與 UNIQLO 聯名合作後，也改變了局限於展覽場內藝術品的格局，更擴散到一般社會大眾的生活中，緊接著又與 Air Jordan 推出驚天聯名鞋款。所以，設計與跨界結合是一門好生意，與藝術聯名更是最好的點子和選擇，同時，這些限量藝術商品也成爲藝術收藏投資的最佳標的物。

圖片提供 ©Evan

更親民體驗藝術的方式

即便是平價品牌也會運用藝術跨界的聯名，創造更大的話題知名度，同時滿足一般民眾，用親民的價格享受藝術的品味和收藏的樂趣。UNIQLO 便經常推出與藝術聯名的服飾，帶來更多經濟效益。

藝術加持就是加值

《Art/Fashion in the 21st Century》的作者 Alison Kubler 直言：

「聯名創作是讓大眾品牌重新擁有個人性格與特立感的一種方式。」

藝術創作是藝術家個人靈魂與思想的投射，重點不在物質本身，而是藝術家的意念。藝術結合精品的價值，來自於對藝術的喜好，藝術與時尚精品的聯名是讓品牌擁有個性化的策略。例如 Dior 2020 春夏男裝系列攜手當前炙手可熱的藝術家 Daniel Arsham，以白色冰岩粉與粉色沙礫將秀場打造成一整片粉色沙漠；2021 年沛綠雅則推出村上隆微笑小花萌翻天的氣泡水；而 IKEA 繼 2020年底 Off-white 秒殺聯名後，2022 年再推與美國藝術家 Daniel Arsham 推出「時鐘」，前衛造型還沒上市已轟動潮流圈，還有日本設計團隊 Gelchop、德國藝術家 Stefan Marx、荷蘭藝術家 Sabine Marcelis 聯名款，一次端出 5 款 IKEA ART EVENT 系列。這種藝術家聯名款限量商品，可以滿足一般民眾用親民的平價就能享受藝術的品味和收藏的樂趣，因此引發搶購，造成產品的行銷話題，當然，如果這種藝術商品的數量非常有限的話，日後也確實會有增值的效益！

第六章　藝術投資未來篇

看清趨勢，掌握時機買下下一個「安迪·沃荷」

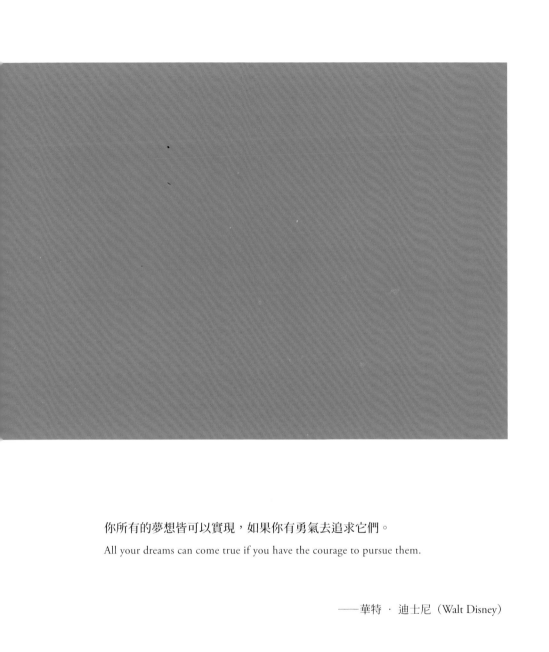

你所有的夢想皆可以實現，如果你有勇氣去追求它們。

All your dreams can come true if you have the courage to pursue them.

——華特 · 迪士尼（Walt Disney）

6.0 前言

任何投資都是看發展的前景和未來的趨勢，唯有了解過去，看清現在，才能掌握未來，因此，本章要跟大家談的藝術投資就是未來趨勢，讓大家在投入藝術收藏中，能夠獲得精神上的樂趣和獲利的豐收。近年來，藝術收藏的趨勢已經不再像過去那麼單純，藝術市場發展獲利和收藏家族群變化很快，市場趨勢一直往投資化、金融化的方向前進。從 2008 年的金融海嘯，一波熱錢投入藝術市場避險開始，藝術市場便吸引了許多金融背景的人投入，也進而促使藝術市場更加投資金融化，更加看重藝術投資的短期效益。這十多年，不難看見藝術品很像股票類別的輪動。若觀察台灣近 30 年的市場流轉速度，從台灣本土藝術家到中國當代的後 89、紅色經典、抽象、新水墨轉了好幾波，但每一波快的話 2、3 年結束，最多也很少能超過 5 年。也因此，我們可以看到現在則是轉往西方藝術，而且整個市場結構和藏家族群也與 20、30 年前很不一樣。

另一個近期市場的重點便是所謂的動漫與潮牌，雖然現在賣得不錯，未來幾年可能也會面臨比較大的修正。因為搶進這個區塊的多屬年輕藏家，他們比較是依照個人喜好，還缺乏藝術市場裡面判別藝術價值的專業與經驗。相較於當代，近年現代藝術拍賣價格很不錯，這也就反映出市場資金太多、沒地方消化，於是需要高單價、保值的作品，塑造安全感。如果市場一片榮景，理應任何類別都有其市場，而不會保守地僅僅聚焦於常玉、趙無極。換言之，這代表市場處在一個不算健康、吊詭的狀態，就好像明明全球經濟不景氣，股市卻創新高，反映的正是資金太多，卻又沒有真正進入產業的情況。

因此，對於這些市場動盪和變化的深入觀察很重要，才能掌控投資的未來性和獲利性。

6.1　疫情下的藝術市場新趨勢

疫情全球性的病毒大爆發，封城鎖國讓全世界靜下來，並帶來全球性經濟衰退，各行各業不得不重新思考商業運作模式，經營方式也出現改變，藝術產業也正經歷這種轉變的過渡期，並修正經營的新方向。沒人能夠肯定最終會轉變成怎樣，但可以肯定不會回到疫情爆發前的模式。目前藝術市場上發生的幾個新現象，列舉如下，可以幫助大家了解新趨勢。

1. **線上的展覽銷售：**網路線上藝術展覽成為藝術市場新趨勢，使得藏家們足不出戶便可欣賞藝術作品，同時思考自己藝術收藏的未來方向。這種網路平台交易的轉變過去普遍認為可能在 5 至 10 年內慢慢形成，如今因為疫情的關係，迫使轉型在短短 5 個月內就發生。因此，大家有更好的管道去認識藝術家和作品，並研究市場行情的變動。

2. **帶來更多元買家：**隨著藝術數位平台的發展，買家可以更直接與畫廊對話、提問和交流，讓有興趣的藏家可以更理解藝術家作品和價值，而且線上展覽標明藝術品價格，隨著市場的透明化，就吸引和鼓勵更多年輕藝術愛好者成為新進藝術收藏家。如果你是 Y 世代（千禧世代）熟悉網路、手機、社群網站等科技產品的中壯輩買家，或是 Z 世代（泛指 1997 年到 2010 年初期出生的人）成長於科技、網路、社群網站世界的年輕買家，善用你們的網路武器，藝術收藏和投資的未來就是你們的天下了。

圖片提供 ◎ 王玉齡

不斷變化的藝術市場
藝術品的形式越來越多元，收藏者必須與時俱進。

3. **去中心化新走向：**新冠疫情剛剛爆發時，造成全球的恐慌，國際大城市的博物館、畫廊和拍賣公司都關閉或歇業，國際性藝術博覽會也都停辦。在危機就是轉機的時刻，藝術產業者當機立斷、超前部署，以線上展覽和銷售取代實體展覽交易，使當代藝術的交易全球化，不再侷限於國際大城市，去中心化成為未來藝術產業的新走向。如今因為各國對防疫的政策已經朝向與病毒共存，防疫回歸日常化，因此，各項美術館和畫廊的實體展覽、以及各大城市的藝術博覽會開始相繼舉辦，雖然參觀人潮不若過往，不過，成交量反而比以前更高，表示大家對藝術品保值的認同。

4. **低價藝術品發展：**新趨勢的線上交易，對新進藏家而言，低價作品更容易入手，也更具有吸引力。根據蘇富比和佳士得的報告顯示，2021 年 3 和 4 月的網上拍賣，近 40% 的買家都是新客戶；而 Artnet 網站 4 月線上版畫拍賣也吸引了 50% 的新買家。對於剛入市的買家一定是從低價藝術品入手，先試試水溫，因此造就了許多年輕藝術家的異軍突起，在市場上大受歡迎，成為當紅炸子雞。

5. **互惠互利的時代：**由於各地藝廊與拍賣行合作變得更多元，且拍賣價格和內容一直以來都非常透明，使一些收藏家只在拍賣購買藝術品。因此，後疫情時代也是藝廊轉型的最佳契機，當價格更公開透明時，才會吸引新藏家的關注。

現在是一個很獨特的時機點，產業人士意識到大家都需要保持更加靈活的合作方式及態度，藝廊、雙年展、藝術博覽會等等，在彼此相互尊重各自特性的同時，也能產生更加緊密的合作關係和加乘效果才是王道，也期待未來會有更多實驗性的項目呈現，為藝術界帶來新的發展與可能性，對於有心收藏投資的收藏家們來說，也是對他們有利的發展新趨勢。

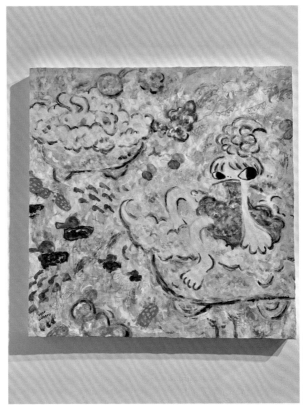

圖片提供 ◎ 王玉齡

無題 ARP-013
六角彩子 | 2020 年

新星不斷湧現

許多年輕藝術家異軍突起,在市場上大受歡迎,成為當紅炸子雞。例如被譽為「下一位奈良美智」的日本藝術家六角彩子,從沒有受到正規藝術教育,卻連年打破成交紀錄,屢屢高於預估價數倍成交。

6.2　買家年輕化，亞洲市場熱度高

在新冠肺炎疫情重創世界經濟的同時，藝術產業因應疫情改變經營業態，畫廊、拍賣公司和國際重要藝博會都在線上展覽、拍賣和交易，排除原有的時空限制，因而成功地吸引熟悉網絡的年輕世代買家入門，也由於亞洲疫情相對沒有歐美嚴重，因此，亞洲藝術市場熱度也相對高漲。

例如蘇富比 2021 年在亞洲的拍賣成交量高達 4.5 億美元（約台幣 135 億），其中 20% 的新手買家與老買家都來自亞洲，這表示全球的買家都知道亞洲市場的熱度，並積極參與，而且超過 30% 的競拍者年齡在 40 歲以下，他們下手果斷，喜好分明，屢屢刷新拍賣記錄，可以說網路交易提供新手藏家入門的好機會，也形成最新的藝術市場趨勢。

符合年輕口味的藝術行銷

在過去，收藏藝術品是金字塔頂端的人才熱衷的活動和喜好，但是現在透過網路平台，可以讓不同經濟能力的人負擔得起，甚至半夜躺在沙發上都能購入自己心儀的藝術品，提高隨時隨地拍賣和購買藝術品的樂趣，非常符合年輕世代的購物習慣。在過去，畫廊展覽或是依賴全球巡迴展出的實體拍賣，買家必須親自到場觀賞；自從網路化之後，買家透過手機跟電腦，可以觀賞藝術家和作品的影片介紹，清楚看到藝術作品跟人和空間的比例，甚至有 AR 功能的延伸，只要用點下心儀的作品，就能模擬出擺放在自家客廳的樣子，增加鑑賞的多元體驗樂趣，也讓年輕藏家的瀏覽率和購買率大大提高。

年輕藏家青睞年輕藝術家

根據蘇富比發布的消息，2021 年 10 月底在倫敦舉行的拍賣會中，登記競標的買家有四分之一為 40 歲以下，也因為這個年輕族群的投入，對於年輕藝術家的市場價格，短期內就翻倍成長有推波助瀾的效應，也改變過去要累積 20～30 年的藝術生涯，才能成為藝術市場高價大師的公式。例如 2019 年一度引起全球關注的 Banksy《氣球女孩》以 104 萬英鎊（約新台幣 4 千萬元）成交，立刻變成自碎畫後，作品改名《垃圾桶中的愛》，2022 年再度在倫敦上拍賣，結果以 1,853 萬英鎊（約新台幣 7.1 億元）高價成交，3 年升值 18 倍，並且刷新這位神祕塗鴉藝術家的拍賣紀錄，畫作由一位亞洲買家購下。這個現象也發生在近年的各類型藝術博覽會中，例如台北國際藝術博覽會（Art Taipei），展覽期間除了許多資深藏家之外，也有許多初生之犢的年輕藏家進場，不同世代的買家聯手打造超強買氣，許多國內外藝術家作品都瞬間完售，這也印證了一個新世代的藝術市場趨勢，值得深入觀察與關注。

圖片提供 © Evan

藝術藏家逐漸年輕化

2022 年台北國際藝術博覽會上，出現許多年輕面孔。

根據 2021 年《巴塞爾藝術展與瑞銀集團環球藝術市場報告》指出，自 2020 年起，千禧世代的收藏家是增長速度最快的藏家，這個觀察也顯示在佳士得香港發布的《2021 年上半年全球成交總額報告》中，報告指出亞洲藏家佔比將近四成，是亞洲歷年最高，其中 31% 爲千禧世代藏家。這同時說明了當收藏家社群力提升時，所關注的藍籌藝術家[1]、收藏潮流將在更短的時間內掀起熱潮。因此，我們觀察到潮流藝術崛起，看見年輕世代的收藏力，在兩季的拍賣會中千禧年世代的收藏家與藝術家均有亮眼的表現。

收藏品味和層次的提升

在過去網路未如此發達時期，若想要獲得藝術市場相關的訊息，最主要的管道除了藝術媒體以外，即是畫廊、拍賣公司的產業專業者。自從自媒體時代來臨，收藏家不僅可以快速認識藝術家，而且獲取市場資訊更容易。不過，藏家如何收藏藝術品，還是會朝跟自己世代有情感連結的作品去選擇，例如台灣老一輩的收藏家會喜歡收藏台灣本土藝術家的油畫，或是早期印象派等古典的現代藝術作品，這些收藏品味的脈絡與成長經驗和生活背景有絕大部分的關聯，這也是近年來潮流藝術能在藝術市場佔有一席之地的主要原因。

不過，有一個有趣的現象是：收藏潮流藝術的藏家們，他們已經不再只是追捧明星或附和 KOL（意見領袖 Key Opinion Leader 的縮寫）的追隨者，當自身收藏藝術玩具到一定的階段後，也會開始想要精進自己的收藏層次，邁向版次少或是單件的原作。因此，從 2022 年幾次的拍賣中，可以看到到藝術玩具的比例逐漸下降，取而代之的是年輕藝術家的繪畫或雕塑原作等稀有性作品。

---

[1] 藍籌（Blue Chip）是藝術市場上的術語，所謂藍籌藝術家是指作品價格穩定上漲，而且未來明確可期的藝術家。

圖片提供 ◎ 王玉齡

圖片提供 ◎ 王玉齡

眼界更高，收藏慾也會更高

收藏入門之後，眼界會越來越高，會漸漸不滿足於公仔等收藏，而開始進入藝術品單一原件的收藏。

6.3　藝術市場操作新話題

從 2020 年由於新冠疫情的影響，在全球造成經濟運作失序，引發世界經濟衰退，失業率攀升，各國政府不得不緊急採取紓困策略。不過，藝術投資買賣市場卻是熱度不減，因為居家辦公，許多 40 歲以下的年輕收藏家紛紛上線購買藝術品和精品，甚至形成一股報復性藝術品投資購藏的熱潮。此外，藝術產業因應疫情，也推出許多應變措施，光是 2021 年就推出幾項非常具有媒體效益的跨界合作，成功地成為眾所矚目的話題，而且還帶來巨大的實質營收。這種藝術市場新話題的操作，未來也將成為常態，只是跨界合作的話題性要一次比一次更吸引人，才能有引起騷動，產生實質成績與媒體效益。

名人策展藝術品拍賣

2021 年 6 月，香港蘇富比宣布邀請亞洲流行音樂天王周杰倫擔任策展人，舉辦「JAY CHOU X SOTHEBY'S」拍賣，成為本年度最具話題性的拍賣會，成功地把潮流藝術引入主流拍賣，讓藝術、娛樂、文化能一同透過此次的拍賣，改變了亞洲當代藝術市場的生態。這次跨界聯乘的「晚間拍賣」果然締造了 100%成交的佳績，46 件拍品總成交金額高達 8.46 億港幣（約新台幣 30 億元），63%拍品以逾高估價成交，共刷新 9 項拍賣紀錄，成績直追同年 4 月蘇富比春季當代藝術晚拍。其中最受矚目的是周董挑選自己最喜愛的藝術家巴斯奇亞（Jean-Michel Basquiat），木板三聯作《無題》拍品以 2.89 億港幣落槌（約新台幣 10.5 億元），成為本場成交之冠。

蘇富比此次新推出的「Contemporary Curated：Asia」系列拍賣，盛邀周杰倫作為首屆策展人，後續還會邀請其他名人接續當策展人，藉由策展人的名氣和人氣，不僅成功地銷售藝術品，又提高蘇富比在年輕收藏家圈的知名度，同時，也形塑周杰倫這位近年入列新銳藏家的身份和藝術品味，堪稱是魚幫水、水幫魚的最佳合作。

Buste d'homme 男子半身像

巴布羅‧畢加索 ｜ 1969 年 ｜ 油畫

Contemporary Curated：Asia

首次「Contemporary Curated：Asia」藉由策展人周杰倫的名氣，達到 100% 成交佳績。而畢卡索作品也是「JAY CHOU X SOTHEBY'S」拍賣的重點作品之一。

藝術品 NFT 化的風潮

近年藝術市場還有另一個非常重要的話題，是 NFT 數位藝術在國際藝術投資市場引起很大的騷動，繼 2021 年 3 月佳士得首次以約 20 億新台幣高價拍賣美國數位藝術家 Beeple 的 NFT 作品後，蘇富比也在同年 4 月成功地在線上銷售神秘數位藝術家 Pak 的 The Fungible Collection 作品。另外，由金融獨角獸 Amber Group 與上海外灘美術館聯手為知名當代藝術家蔡國強打造首個 NFT 加密藝術作品，《瞬間的永恆 101——個火藥畫的引爆》此項目也獲佳士得、Dragonfly Capital 及上海廿一當代藝術博覽會（ART 021）共同支持，7 月底以 250 萬美金（約新台幣 7,000 萬元）在 TR Lab 線上平台成交。

> 由於 NFT 使用區塊鏈技術作為身份驗證的數位證明，有不可替代的特性，可以突破過去的限制，大幅提升了數位藝術品交易的流通性，為藝術投資帶來新發展，也是值得持續觀察和關注的新趨勢。

圖片提供©王玉齡

NFT 的價值
蔣友柏推出 NFT「GENTLE PANTHER」時，特別創作 515 件 1 ／ 1 的 NFT 來強調獨一無二的稀缺性與藝術美感。

6.4 NFT 藝術還能收藏投資嗎？

接續上一個藝術市場新話題，近年來，NFT 爆紅，是因為區塊鏈技術在金融外還有更多應用，特別是做新形態的憑證，並賦予連結實際生活使用的價值、意義和趣味性，再加上國際拍賣公司與各領域名人推波助瀾，讓 NFT 一夕之間迎來光輝燦爛的遠景。而今，各家媒體和社群貼文都能看到 NFT 議題探討，從數位藝術到 Twitter 文章、虛擬土地、遊戲寶物和藝術作品等，只要能聯想到的物件，都能以此形式販售。

NFT 藝術品為什麼紅？

> 對藝術家而言，NFT 的優點是有別傳統藝術銷售形式，無論是畫廊、拍賣或是私人販售，藝術家通常只能賺到第一筆售金，後續增值利潤與他無關。如果將藝術品上架到 NFT，只要訂定智能合約規則，每次轉手，藝術家就獲得分潤，是相對公平的機制。

此外，這個虛擬圈子非常著重社群力量，這些原本就是 KOL 意見領袖的名人，他們能夠在特定領域，對其粉絲或追隨者帶來影響力，透過社群媒體來傳達自己的理念。如果藉此建立自己的粉絲團，或參與一些社群平台，展銷自己的藝術作品，效益絕對比傳統展覽銷售方式更好。

如何收藏 NFT 藝術品？

加密貨幣問世僅 10 餘年，而全球年輕億萬富豪日增，他們也成為收藏 NFT 藝術品的最大買家，這些藏家不僅是藝術愛好者，也是有先見的投資者。僅 2021 年一年，NFT 藝術市場的交易額就增加 25 倍，如果有心收藏 NFT 的人，就要了解這些買家們投資藝術的路術，並深入了解知名 NFT 藝術家們的作品特色。首先，要研究當前最紅的幾位 NFT 藝術創作者，例如堪稱 NFT 領域最吸金的霸主 Beeple；具實驗性和大膽創意而神祕的前衛藝術家 Pak；創下平台銷售紀錄的 Xcopy；吸引全球媒體、藝評家與藏家目光的 Mad Dog Jones，他著名創作便是世上首件能自我複製的 NFT 藝術品《REPLICATOR》；還有早已成為 NFT 交易市場上最令人記憶深刻之作品《 Bored Ape Yacht Club（無聊猿）》，自 2021 年 5 月推出後，可說是當今世界上價格最高的 NFT 收藏品，目前整體市價約 28 億美元，地板價也要 28 萬美元起跳。而周杰倫和台灣藝術家蔣友柏也紛紛推出 NFT 藝術品，皆創佳績。

再來，去盤點 NFT 藝術品的頭號買家，他們的收藏品將來可能成為必買的爆款，所以認識名人的錢包是最快的捷徑。像在 NFT 交易平台 OpenSea 上，所有的 NFT 都是公開透明，可以看到收藏者地址，並欣賞其收藏品，觀察他們的投資標的物，之後就可以跟進下手購買。

台灣第一位結合 NFT 的時尚品牌

台灣設計師品牌王子欣（Claudia Wang）在 2021 年時，將虛擬的元宇宙作為舞台，打造 2022 春夏元界服裝秀，引發話題。

NFT 藝術品是不是泡沫？

當藝術產業開始與區塊鏈數位化資訊與網路交易接軌後，透過區塊鏈能夠追蹤和識別藝術品版權，紀錄所有權和創作者詳細資訊，其支持者將 NFT 藝術品描述成藝術界的革命，也使得 NFT 藝術狂潮迅速在全球蔓延開來，使得數位藝術品和虛擬商品的收藏正在蓬勃發展中。2021 ～ 2022 年間，藝術收藏領域最讓人津津樂道的話題，莫過於 NFT 藝術作品拍賣天價的新聞，引出原本不是藝術收藏的族群也開始關注「藝術」收藏投資。然而，目前絕大多數 NFT 藝術品的熱銷，都是靠名人效應的操作和加持，也因此引起與傳統藝術界之間的論戰。

名人或是網紅等意見領袖在 NFT 藝術上的操作手法，都是運用本身高知度的圈粉能力，透過吸引追隨者加入投資，來擴張 NFT 藝術銷售的經濟總量。在這樣的銷售模式下，投資 NFT 藝術品的獲利來自於購買者的先後進場的時間差，而不是作品本身的藝術價值。這類投資的初期可於短時間有高獲利，但隨著更多人的加入，後期投資者所能得到的獲利空間有限，也因此，近期 NFT 市場被認為有泡沫化的跡象。此外，反對論者則認為所謂的 NFT 藝術品，就像是泡沫一樣地不切實際。NFT 起源自區塊鏈技術的不可竄改性，固然賦予了藝術品獨一無二的價值，但這也使它在市場上更容易被炒作，視覺價值遠遠不及動漫、影視等工業化生產的大眾藝術。

不過，根據一些藝術產業專家的觀察，認為實體藝術沒有數位化的價值，反而是原本就是數位新媒體的藝術品，在 5 ～ 10 年後市場會逐漸成熟。因為藝術行銷已經成為品牌與消費者溝通流行的趨勢，而且隨著目前元宇宙和未來主義的興起，以及年輕消費主力個性化意識的不斷增強，虛擬數位藝術、網際網路平台已經成為傳統藝術和 NFT 藝術行銷的新興趨勢，這也是值得大家關注的話題，許多收藏品項初期都不被看好，但最終也成為被認同的藝術收藏，例如藝術公仔、動漫等。因此，對於善用網路的年輕藏家，也許可以看準未來適當的時機，進場收藏投資，一定會有高獲利的回報。

REPLICATOR

Mad Dog Jones ｜ 2021 年 ｜ NFT

圖片提供◎富藝斯

世上首件能自我複製的 NFT 藝術品

Mad Dog Jones 的創作色彩絢麗、充滿科幻氛圍，以「賽博朋克（Cyberpunk）」和「反烏托邦」
風格，來描繪自然環境與城市萬象的作品聞名。

6.5　藝術創造空間新價值

在過去君主時代，藝術是皇家貴族獨享的品味象徵，時至今日，藝術已經民主化，人人可以享受藝術，因此，各國政府立法執行公共藝術、公私立美術館紛紛設立。近幾十年來，許多室內設計師已經認知到：對於商業空間和豪宅裝潢已經無法用高級建材、造型設計來滿足業主的品味和要求，而開始運用藝術融入空間，來創造全新的視覺饗宴，邀請創意十足的藝術家參與，爲空間帶來特色和話題，創造更高的空間價值和商機。此外，用藝術提高空間價值的行銷策略，我們也可以在許多城市景觀、跨國企業總部、精品酒店和商業空間看到。

藝術爲公共空間加值

以公共藝術爲例，許多公共藝術品甚至成爲該城市的地標，像當代國際知名藝術家安尼施‧卡普爾（Anish Kapoor）的《雲門》（Cloud Gate），這件造價 2,300萬美金（約新台幣 7 億元）的作品已經是美國芝加哥的代名詞，並成爲當地經濟的重要推力，每年吸引上百萬的觀光客，所帶來的商機和廣告效益遠遠超過作品的造價，而這位藝術家的行情和這件作品本身的價值，也跟著水漲船高。此外，還有許多的跨國企業、精品酒店和商業空間，也都邀請國際知名的藝術家創作作品，一方面是爲品牌做最好的藝術投資，另一方面也是增加公共空間的價值，並且形塑企業支持文化藝術的優良形象。

近年來，在台灣也很流行將藝術品擺放到高級飯店和豪宅建案中，能提升空間的質感與價值，例如台北寒舍艾美酒店，或是文華東方酒店，從入口大廳到每一層樓的公共空間，都可以看到國際名家或是新銳藝術家的作品。所以如果你在某大城市的公共廣場，或是五星級大飯店看到大型公共藝術作品，那麼就好好關注這位藝術家，因爲他的作品必定可以納入收藏投資的藝術家名單中。

當藝術走進公共空間

基隆火車站的藝術裝置《燦流》，便是我邀請韓裔美國藝術家 Soo Sunny Park 前來創作；而新北環狀線板橋車站捷運站則是邀請法國國際知名藝術丹尼爾·布罕（Daniel Buren），來做整體的站體設計，創造一個非常特殊的藝術空間。

藝術品是豪宅的標準配備

藝術品不僅滿足視覺上的享受，還能提升整體建案的價值，近年來許多豪宅建商都在建案的公共空間中，擺設名家藝術品，來提升豪宅的價值。

> 藝術品是家居空間佈置的精神靈魂，也是居住者生活品味的象徵。當然也有越來越多的室內設計師們懂得用藝術品來爲業主的豪宅妝點，凸顯主人的財富地位與品味素養，因此豪宅中的藝術品已經成爲基本配備。

例如在牆面懸掛一幅名畫、把當代藝術雕塑擺在客廳，都可以讓居家空間顯得更有深刻藝術內涵，使得日常生活享受藝術盛宴。

如果你是室內設計師，無論是幫業主原有的藝術收藏融入居家空間的布置，或者幫助屋主打開當代藝術欣賞大門，甚至踏入收藏家的行列，會是取得豪宅主人信賴和滿意的最佳服務。甚至未來五年、十年間，持續引薦不同具有潛力的藝術家作品，讓客戶和業主輕鬆更換收藏，重新佈置居家空間的氛圍，同時，又嘗到藝術品收藏投資的獲利甜頭。如果你是剛買房、或是要換房，那麼購入值得投資的藝術品，與你的室內設計師討論藝術品的擺設，讓你的家居空間充滿藝術氣質，同時，未來藝術品增值時，就可以把藝術品變現，爲自己購入更高檔的豪宅，擠身豪宅主人和收藏家。

圖片提供◎王玉齡

空間硬體的價值有極限,但藝術品沒有

有品味的富豪豪宅通常是有美景、名家藝術品相伴,而不是華而不實的高級建材。有時名畫的價值,更會超過整棟豪宅的價值好幾倍。我認識一位住在香港的英國藏家,家中所見所用、到處都是收藏品,甚至請來藝術家爲自己畫像。

6.6 藝術品長期投資兼避稅

由於藝術品正如名車、別墅一樣成爲高端品味、財富與權勢的象徵，所以吸引非常多的富二代進入藝術品投資領域。作爲資產配置，藝術品具有保值性強，安全系數高的優點，這也是吸引非常多的買家投入的原因。當然，藝術品作爲家庭配置資產，不像投資房地產，具備簡單的知識卽可，藝術品投資需要具備多方位的知識。

藝術資產需長期投資

> 事實上，所有藝術品都可以做資產配置，目前比較受歡迎的是流通性強、市場成熟的近現代繪畫和當代藝術爲主，其他骨董文物類的收藏，則必須具備更多的專業知識，進入的門檻較高，而且贗品多很難辨別。

根據金融業統計，在過去的 5 ～ 10 年中，藝術品的表現都超過了金融資產、股票和房地產，全球股市的年平均回報率爲 6.5％，而藝術品回報率達到了 16.6％。

此外，根據英國巴克萊銀行對英國各類資產在不同經濟情況下表現的研究報告指出：藝術品投資在高成長的環境中表現優異，而在高通脹環境下的表現更遠遠勝於房地產投資和股票投資。兩者的最大差別就是前者把藝術品當作金融產品，獲利目標與期限明確；後者將藝術品作爲有效資產，所謂資產配置就是用資產的多元化配置來分散資產風險。這也是因爲藝術品與其他金融產品的關聯度非常小，因此適合做資產配置的重要原因。

然而，總體而言，藝術市場的水比較深，在投資藝術品時，必須擁有專業的知識，而且藝術品不適合短線操作，它的價格上漲是需要有一定時間和周期。以我個人的經驗為例，27 年前以 18 萬新台幣購入一幅常玉油畫，5 年前以 3,000 多萬賣出，但是如果當時立馬轉手，恐怕很難有如此收益。藝術品投資在當下既充滿機遇，又存在各種風險，如果想要全面的投資藝術品，就一定對藝術品投資有充分的認識。此外，如果把藝術投資周期拉長，那麼相對於其它投資項目而言，藝術品投資更安全，增值效果更好。

圖片提供◎ 王玉齡

藝術品投資需要等待
藝術資產需長期投資，在過去的 5 ～ 10 年中，藝術品的表現都超過了金融資產、股票和房地產。

投資獲利兼避稅

> 在台灣，由於收藏藝術品除了可以投資理財賺錢之外，還可將財產從應課徵遺產稅轉至免課徵遺產稅的功能，因爲藝術品不列入遺產總額課稅，因此，富人投資藝術品節稅兼避險的風氣愈來愈熱絡，這也是爲什麼台灣藏家的藝術品購買力非常驚人的原因。

過去藝術品的課稅，是納入綜合所稅制，賦稅非常重，文化部爲獎勵藝文產業，而於 2021 年 5 月 21 日實施新修的「文化藝術獎助及促進條例」，新的條文已經改成離課稅制，也就是說依買賣成交價款 6% 之利潤率扣繳 20% 稅款，換算實質稅率爲 1.2%。舉例來說，如果藏家把一件藝術品送拍賣會，成交價爲 100 萬，實際要繳的稅金爲 100 萬 ×6% ×20% ＝ 1 萬 2，相較於過去，大大降低。

歷史、美術的圖書物品，只要繼承人向稽徵機關聲明登記，就可以不計入遺產總額，舉例說明，A 先生的富爸爸過世，留下遺產包括動產一億、不動產二億和藝術品三億，其中藝術品三億的價值，在申報遺產稅時，就可不計入。不過，A 先生若將藝術品變賣轉讓，還是必須補繳遺產稅。但是，相信大部分的 A 先生都不會去向稽徵機關聲明登記富爸爸收藏的藝術品，因此如果藝術品轉賣了，也不會需要繳納遺產稅。

6.7　後疫情時代如何收藏投資？

身處後疫情時代，面對房產、股票、基金等傳統投資的行情震盪，似乎收藏藝術品能讓資產保值，長期投資又可以獲利避稅，已經成為非常理想的選擇。其實儘管藝術品在一般人看來不像「衣食住行」那樣，是生活必需品，但「保值、增值」卻是未來實實在在的「剛需」（剛性需求，指必要的需求）。這種「剛需」不只針對富人階層，也針對普通家庭。除去藝術品的文化內涵，對於其保值增值的屬性整體而言，在後疫情時代，縱使有美中矛盾衝突、俄烏戰爭與台海危機等問題，下修了大家對市場的期待，不過，相對地市場的復甦趨勢不會改變，我們終將迎來更美好的未來。此時，想要收藏投資的人可以開始摩拳擦掌了，同時也要了解整個後疫情時代的藝術市場趨勢和走向，才能更精準地選擇收藏與投資。

現在是收藏的好時機？

英國小說家狄更斯在他的名著《雙城記》中，有一句開場名言：「這是最好的時代，也是最壞的時代」，其實倒過來說也是成立的，目前整個世界正是處於這樣的時代。瑞銀近期發布的幾份研究報告指出：疫情的發生也帶來了積極的影響，例如許多人因為在隔離期間，無法外出消費或旅行度假，而累積了更多財富。因此，當各國邊界逐步開放，人們玩樂慾望會大量增加，因而產生報復性消費。報告指出：很多人認為後疫情時代是「逢低買進」的好機會，許多藏家會趁此時機與藝廊用力殺價，希望以更優惠的價格買到自己心儀已久的藝術品。此外，網上銷售價格透明化，對二手市場是非常重要的指標，如果近期有重量級作品上拍賣，並獲得不錯的成交價格，這也能很快提高大家對藝術市場的信心。其實，藏家最終會回歸藝術市場，不過，絕對不是 V 型反彈，而是偏向 U 型的緩慢復甦，藝術市場是被群眾信心所主導，最終會隨著藏家、畫廊、藝術展、藝博會和拍賣會的回歸正軌而熱絡。

疫情下的藝術市場熱度

2020 年疫情爆發以來，全球不管是股市或藝術市場都如同洗三溫暖般，乍冷忽熱，年初交易熱絡，忽然新冠病毒爆發，全球確診和死亡人數攀升，各國封城，極度悲觀，誰知下半年，熱錢像瘋狗浪湧入金融市場，延燒至今熱度不減；而藝術市場受疫情衝擊幅度也出乎預料地小，讓大家都鬆了一口氣。根據研究指出，2020 年全球公開拍賣總成交量相較 2019 年僅下降了 21%，相較於歐美，亞洲藝術市場成交金額甚至逆勢增長 2%，而且因為線上買家大增，成交率甚至比 2019 年提高許多，而 2021 年更是藝術市場強勢復甦，根據 Artprice 與雅昌藝術市場監測中心（AMMA）共同發布之《2021 年度藝術市場報告》，全球藝術品公開拍賣市場規模更達到 171 億美元，相較 2020 年的 105.7 億美元大幅成長 61%，名列史上表現最優異的年度之一。

圖片提供 ◎ 王玉齡

疫情帶來的進場良機
藝術產業專業者認為疫情造成的市場低潮期，會是進場收藏的好時機。

此外，2021 年度市場關鍵指標包含成交額、交易量、成交率及價格指數在內，都創下新高紀錄。以成交量來說，達 66.4 萬件拍品，較前一年成長逾三成，一切都歸功於這場疫情危機，加速了藝術市場數位化轉型，促進拍賣公司和藝博會調整結構和選品，藝術品線上展售、全球化佈局同步開始迅速發展，從而不斷斬獲新的買家客戶群，而且藝術品銷售熱度旺盛，價格從最親民的到最昂貴的頂級名作，市場各價格區間無不受益。一萬美元以下的作品成交量增長了四分之一，而百萬美元級的作品成交量（1,734 件）較 2020 年增長了 44%。有心投入收藏投資者，正是最好時機，找到適合自己的藝術品價格帶，積極投入，必有豐富的斬獲。

華人藝術家市場增長

近十幾年來，香港和北京的拍賣皆以中國書畫等華人藝術品為主，催化了東方藝術，儼然已成強勁的國際藝術市場。在 2020 年下半年，亞洲拍賣公司感受到後疫情時代消費動能恢復強勁，較去年同期成長71%，而西方市場僅7%。其中，價格偏低的中國書畫家逐漸取得市場的流動性，同時受到全球關注。

儘管香港從 2019 年起政經局勢不明朗，但藝術市場依然受到國際市場追捧而穩定成長，以蘇富比為例，香港目前佔其全球銷售金額的四分之一，且 2020 年香港蘇富比與香港佳士得成交額加總則近 10 億美元，因此，香港市場的表現至關重要。其中，光是華人藝術家常玉和趙無極年度成交金額分別為 1.63 億美元、1.58 億美元，再來是當代華人藝術家的拍賣價格也節節攀升，屢創新高，也是值得我們關注的。

藝術線上銷售量增強

受惠於疫情期間居家工作，習慣上網的年輕世代有時間在線上瀏覽各種購物網站，成為奢侈品和入門款藝術品的最大買家，使得網上銷售總額大幅增長。自 2020 年以來，線上拍賣營業額在整個藝術品市場佔比增加，相較純線上藝術平台，原本的傳統拍賣業者積極擴張線上事業體，將線下信譽和信任度優勢轉移到虛擬平台，持續累積藝術買家客戶資源。在資訊開放的時代，社群媒體已經成為人與人互相傳遞連結的管道，即便近期社群媒介推陳出新，就台灣而言，Facebook 仍是最多人使用，台灣的潮流藝術收藏社群中，社團頗為興盛，KAWS、空山基、奈良美智、草間彌生等人的潮流藝術玩具與週邊商品在社團中均時常流通。社群媒體的好處是可以不受時空限制、迅速觸及大範圍的人群，讓大家認識、了解藝術，培養對藝術品的興趣。

圖片提供 © 王玉齡

名家藝術帶來的周邊效應
雖然奈良美智的作品價格高不可攀，其潮流藝術玩具與週邊商品，受到年輕收藏家的追捧。

網路科技建立了新的購買渠道，並改變了消費習慣，有效提升奢侈品和低價藝術品銷售情況。這次疫情增加千禧世代對藝術收藏的興趣，許多藝廊也紛紛轉攻線上銷售，更加速透過線上積極培養新進藏家。從長遠來看，各地的藝術品買家對藝術市場的信心都在增強中，特別是那些高所得的年輕藏家對前景似乎最樂觀，而且他們也將藝術投資納入資產配置的項目和目標。

關注藝術收藏社群力

年輕世代藏家對藝術知識的渴求和學習熱切，同時，也樂於分享和交流，這與年長輩藏家的態度完全不同。許多的藝術產業經營者也開始很注重使用多元社群平台去分享專業評論，並與藏家直接在線上交流，甚至邀請具有社群影響力人士來主持藝文 Podcast，都是以年輕藏家習慣的管道與方式，為他們送上寶貴的資訊。目前國際拍賣公司也積極經營臉書紛絲專頁，各家的追蹤人數累積上百萬人，因為在臉書社群上提供較完整的資訊，除了收藏家群以外，同時也吸引對於藝術有興趣的群眾。

Instagram 的經營主要是針對比臉書更年輕的族群，操作的重點以具有分享功能的限時動態為主，隨著影像的需求增加，發展輕微影片。微信是針對中國的藏家客戶，Line 的使用上則是以客服作為定位，並及時提醒拍賣預展和展覽開幕活動。在不同的社群媒體，運用不同策略，更貼近收藏家與藝術同好的需求，因此，不管你的年齡層，只要想認識任何類型的藝術，都可以找到適合自己的資訊管道。

藝術市場的風向指標

後疫情時代是年輕當代藝術家崛起的時候，這個市場訊號可以從 2021 至 2022 年的國際拍賣市場上看到，這兩年間，多家國際拍賣公司就舉辦專門以年輕藝術家爲主題的專拍，而且都有非常好的成績，力捧的多位新銳藝術家紛紛冒出頭，並且刷新拍賣紀錄，包括艾米莉·梅·史密斯（Emily Mae Smith）、賈黛·法多朱蒂米（Jadé Fadojutimi）、洛伊·霍洛韋爾（Loie Hollowell）、六角彩子及塩田千春等女性藝術家，其中艾米莉·梅·史密斯的《掃帚人生》（2014）以逾 1,200 萬港元（約新台幣 4,800 萬元）成交，超過高估價 20 倍。

創立於 1792 年的老牌拍賣公司富藝斯，近年來積極轉型年輕化經營，更是直接在 2021 年 7 月於倫敦舉行「New Now」專場專拍，以挖掘藝壇新星作爲宣傳號召，還帶入六位首次亮相拍場的藝術家作品，寫下 17 位藝術家拍賣紀錄，包括生於 1990 年代的藝術家如奧利·埃普（Oli Epp）、阿曼尼·路易斯（Amani Lewis）、辛非維·恩祖彼（Simphiwe Ndzube），以及 2000 年生的 Z 世代藝術家奇德拉·博薩（Chiderah Bosah）。疫情帶來藝術產業的急速變革，後疫情更是適合年輕世代投入藝術收藏和投資的時代，掌握當下時機，就能迎接最好的時代來臨。

日本藝術家塩田千春

塩田千春也是近年來迅速崛起的女性藝術家，作品價格也是節節攀升。

第七章

當代藝術收藏投資適合所有人

快樂是那些勇敢去夢想，且準備好付出代價去實現它們的人。

Happy are those who dream dreams and are ready to pay the price to make them come true.

——里昂・蘇尼恩（Leon Suenens），神職人員

7.0　結語

本書最後一章是希望再次提醒大家：藝術收藏投資是一種怡情養性、老少咸宜、適合闔家一起的活動。由父母帶著子女，或是子女帶父母一起來的親子活動，父母欣賞繪畫雕塑，子女愛看藝術公仔和動漫，各自找到自己喜歡的藝術，又可以一起討論藝術收藏的方向和投資理財的門道，既可以培養美學素養和生活品味，又能增加家庭生活樂趣，讓全家有共同話題，和樂融融；情侶周末相約一起參觀美術館、畫廊和藝博會，一起討論，拉近彼此的距離與想法，在未來組成家庭生活時，能養成更多的共同喜好和默契，也能建立相同的金錢和物質的價值觀，並儘早培養對未來家庭理財投資的概念。所以，藝術收藏投資真的非常適合所有人。

很多人都認為藝術收藏的門檻很高，的確是，如果收藏某些項目的專業知識和口袋資金需要相當深厚，才有可能收藏，例如文物骨董古畫古玩等，如果沒有願意傾囊相授的專家帶入門，再加上幾年的實物把玩，很容易就繳了很多學費，還買了很多贗品，因此深受打擊，充滿挫折感，覺得收藏人生充滿灰暗。至於當代藝術，大部分藝術家還在世，不會有贗品問題，年輕藝術家作品價格也不高，只要買對收藏，長期持有投資，未來增值的幅度不可限量。

此外，當代藝術內涵多反映我們這個時代的社會議題、社會現象，不太需要非常專業的知識也能欣賞藝術作品，而且是我們可以理解，會吸引我們關注，讓我們能夠感同身受而產生共鳴。因此，欣賞收藏當代藝術，使我們的生活充滿樂趣，人生變彩色，非常適合所有人。

> 藝術收藏投資真的不難，只要你擁有 3 件藝術品就可以成為（稱為）收藏家，只要你的收藏品中，有 1 件增值了一倍，那你的投資報酬率就很高了。

圖片提供◎王玉齡

圖片提供◎王玉齡

欣賞藝術適合闔家行動

我常跟女兒參觀美術館大展、藝博會和拍賣預展，欣賞當代藝術，訓練收藏投資者的眼光，生活充滿樂趣，非常適合所有人。

而且藝術收藏是一種可以展示與欣賞的資產，比起股票和地產等動產和不動產更有美感，可以帶來生活樂趣和品味享受，還可以提前做資產投資配置，理財兼避稅。只要努力把本書前面幾章所提到的入門步驟和原則做到，再把看作品練眼力的功課做好，不斷精進自己、提升美感與專業知識，就是藝術投資成功的不二法門。

心動不如馬上行動，放下書本，去美術館挑一個當代藝術展覽欣賞，再找一家最近的畫廊或最近期的藝術博覽會，認識一下當代藝術家，了解一下你喜歡的藝術家作品行情和價格。只要培養出收藏家的眼睛，並訓練好投資者的心態，那麼你成為熱愛藝術、又會投資的藝術收藏家，將是指日可待。

附錄

新手收藏投資藝術品初體驗注意事項

在看完本書之後，是否會讓大家熱血沸騰、心癢手癢，想要趕快去精挑細選一件自己喜歡藝術品，擺放在家裡，每天欣賞，讓自己天天有好心情？為了不讓大家沖昏頭，我再擬了一份藝術入門初購的注意事項，提醒大家，才能做個快樂的藝術收藏家。

Point 1：新手要購買第一件作品時

· 要先問清楚報價是否含稅？可以開發票？若是有開發票，就可以做為購買證明；如果不開發票，也是可以請畫廊開立購買證明，做為日後轉手時的購買來源的憑據。

· 是否有打折？一般不打折或打 95 折都是正常。如果你買了幾件了，就可以要求比較好的折扣。

· 報價是否含運送和掛畫或安裝作品？如果是在藝術家個展中購買的作品，展覽結束後，畫廊會負責聯繫買家，將作品送到府，並協助掛畫。因為有些作品的材質比較特殊，需要專業的吊掛或安裝方式。

· 購買作品要請畫廊提供有藝術家親筆簽名的作品保證書，確保作品的真實性，日後要轉賣時才有保障，並且也可以賣到比較好的價格。

Point 2：新手購買第一件作品後的擺放和保存

· 自己的第一件作品一定想要好好欣賞，因此，要確認家裡擺放的位置有足夠的空間或牆面，讓作品有呼吸和對話的好環境。

· 如果是初購繪畫作品，要注意掛畫的位置，避免有陽光直射，以免造成作品的顏料退色。由於自然光源或人造光源所發射出來的紫外線，長時間照射，容易導致藝術品材質強度降低或顏色變色、變質或損壞。因此，如果要為作品安裝照明，請選擇無紫外線的燈具。

· 家中溫濕度變化過大，也會影響畫作的保存狀況。因此，空調設備和除濕機都是必備的。

· 一般來說，如果是跟畫廊買作品，畫廊會為畫作訂製一個瓦楞紙箱、或雕塑的木箱，方便運輸。收到作品之後，最好把紙箱或木箱也收好，以便日後作品需要存放或運送時，可以使用。

· 如果購買的第一件作品價格沒有很高，可以在家中的竊盜險裡，將作品加入重要物品的清單，以防萬一。如果購買的作品價值很高，那就建議買藝術品保險，避免日後發生任何意外時缺乏保障。

Point 3：新手購買第一件作品後要脫售

· 如果日後作品增值，想要轉賣，平日就要多注意和收集藝術家的相關重要展覽和拍賣紀錄。

· 如果有機會把作品借給美術館展出，對作品是最好的加值，表示這是藝術家的重要代表作。如果有印在畫冊上，就要把畫冊收好，或是有任何報導圖片，也要收集起來，拍照存檔。

· 也可以查詢專業藝術網站上資料，可以得知類似的作品目前的價值。或者聯絡拍賣公司，提供作品照片和尺寸年份等相關資料，請他們協助估價，以便知道作品的現值。

SOLUTION 142

打開藝術致富門道，買對
一年半漲10倍：

專業藝術經紀人教你欣賞→收藏→投資三部曲

國家圖書館出版品預行編目 (CIP) 資料

打開藝術致富門道，買對一年半漲 10 倍：專業藝術經
紀人教你欣賞→收藏→投資三部曲 / 王玉齡作 . -- 初
版 . -- 臺北市：城邦文化事業股份有限公司麥浩斯出
版：英屬蓋曼群島商家庭傳媒股份有限公司城邦分公
司發行, 2022.12
　面；　公分 . -- (Solution ; 142)
ISBN 978-986-408-866-9 (平裝)

1.CST: 藝術市場　2.CST: 蒐藏　3.CST: 投資

489.7　　　　　　　　　　　　　　111017233

作者	王玉齡
責任編輯	黃敬翔
封面 & 版型設計	Pearl
美術設計	Pearl、Sophia
編輯助理	劉婕柔
活動企劃	洪擘

發行人	何飛鵬
總經理	李淑霞
社長	林孟葦
總編輯	張麗寶
副總編輯	楊宜倩
叢書主編	許嘉芬

出版	城邦文化事業股份有限公司麥浩斯出版
E-mail	cs@myhomelife.com.tw
地址	104 台北市中山區民生東路二段 141 號 8 樓
電話	02-2500-7578

發行	英屬蓋曼群島商家庭傳媒股份有限公司城邦分公司
地址	104 台北市民生東路二段 141 號 2 樓
讀者服務電話	0800-020-299 （週一至週五上午 09:30 ～ 12:00；下午 13:30 ～ 17:00）
讀者服務傳真	02-2517-0999
讀者服務信箱	service@cite.com.tw
劃撥帳號	1983-3516
劃撥戶名	英屬蓋曼群島商家庭傳媒股份有限公司城邦分公司

香港發行	城邦（香港）出版集團有限公司
地址	香港灣仔駱克道 193 號東超商業中心 1 樓
電話	852-2508-6231
傳真	852-2578-9337

馬新發行	城邦（馬新）出版集團 Cite(M) Sdn.Bhd.
地址	41, Jalan Radin Anum, Bandar Baru Sri Petaling,57000 Kuala Lumpur, Malaysia
電話	603-9056-3833
傳真	603-9057-6622
E-mai	l services@cite.my

總經銷	聯合發行股份有限公司
電話	02-2917-8022
傳真	02-2915-6275

製版印刷	凱林彩印股份有限公司
版次	2022 年 12 月初版一刷

定價	新台幣 500 元